华南新优园林植物

HUANAN XINYOU YUANLIN ZHIWU

欧阳底梅　宁祖林　彭彩霞　主编

中国林业出版社
China Forestry Publishing House

内容简介

　　本书结合中国科学院华南植物园在植物引种驯化和新优园林植物品种选育等方面的研究及深圳市公园管理中心多年的公园建设管理和景观维护经验，荐引一批观赏性高、适合华南地区引种栽培的新优园林植物，以期为增强园林景观特色、丰富园林景观营造植物素材的多样性、提升华南地区园林绿化景观提供技术支撑。

　　本书共推荐101种（含品种）新优园林植物，其中乔木23种，灌木49种、草本12种、藤本17种，按照物种拉丁名字母顺序排列，每种植物介绍包括中文名、拉丁名、别名、科属等分类学信息和产地分布、生态习性、应用形式、观赏特性、花期及植物简介，并附彩色照片。本书可供园林植物、观赏园艺、园林绿化设计、施工和管理工作者及植物爱好者参考使用。

图书在版编目（CIP）数据

华南新优园林植物 / 欧阳底梅，宁祖林，彭彩霞主编. -- 北京：
中国林业出版社，2020.7

ISBN 978-7-5219-0619-6

Ⅰ.①华… Ⅱ.①欧…②宁… Ⅲ.①园林植物—华南地区
Ⅳ.①S68

中国版本图书馆CIP数据核字(2020)第102299号

责任编辑：何增明　邹　爱
出版发行：中国林业出版社
　　　　　（100009 北京市西城区刘海胡同7号）
电　　话：010-83143517
印　　刷：北京博海升印刷有限公司
版　　次：2020年7月第1版
印　　次：2020年7月第1次印刷
开　　本：710mm×1000mm　1/16
印　　张：8
字　　数：180千字
定　　价：69.00元

前言 *Preface*

　　新优园林植物是一个相对概念。推陈出新是事物发展的客观规律。随着人们的审美在不断地变化发展，追逐新颖奇特的园林植物在园林绿化领域也同样存在。每个年代都有"时兴"或"时髦"的植物，如大王椰 *Roystonea regia*、酒瓶兰 *Beaucarnea recurvata*、苏铁 *Cycas revoluta*、总统美人蕉 *Canna generalis* 'President'、小叶榄仁 *Terminalia neotaliala* 等都曾风靡一时，可以说是"各领风骚三五年"。"新"的植物不一定"优"，有些新引进的植物因适应性不强或病虫害严重，引种栽培表现不佳，犹如昙花一现，很快从城市绿化中消失。有些新推广植物在刚引进时热度很高，后面虽然热度下降，不再时髦，但因为适应性强，栽培表现优良，成为当地经常被选用的植物，由"新优植物"演变成了"常用植物"。

　　华南地区水热条件优越，野生植物资源丰富，适宜本地气候的外来驯化植物种类较多，在城市园林绿化中使用的植物也比较多样。回顾近几十年的园林绿化发展历程，每年都有新的植物种类和品种进入市场、进入城市绿化，来到人们身边。但相对于适宜当地气候条件的丰富植物资源，华南地区野生植物资源的开发利用和外来物种的引种驯化工作还有待于进一步加强。

　　在珠三角"国家森林城市群"建设和粤港澳大湾区绿色发展、保护生态的大背景下，深圳市公园管理中心和中国科学院华南植物园合作开展了"名特新优植物品种在公园景观营造中的应用"研究项目。该项目以华南乡土园林植物为主，引种驯化一批新优园林植物，开展栽培试验，对其适应性和观赏性进行综合评价。本书作为这一项目研究成果的汇总，并结合中国科学院华南植物园在植物引种驯化和新优园林植物品种选育等方面的研究基础及深圳市公园管理中心多年的公园建设管理和景观维护经验，撰写本书，荐引一批观赏性高、适合华南地区引种栽培的新优园林植物，以期为增强园林景观的地方特色、丰富园林景观营造植物素材的多样性、提升华南地区园林绿化景观效果提供技术支撑。

　　本书共推荐101种（含品种）华南新优园林植物，其中乔木23种、灌木49种、草本12种、藤本17种，每类植物各种（品种）按拉丁名字母顺序排列，每种植物介绍包括中文名、拉丁名、别名、科属等分类学信息和产地分布、生态习性、应用形式、观赏特性、花期及植物简介，并附彩色照片。本书可供园林植物、观赏园艺、园林绿化设计、施工和管理工作者及植物爱好者参考使用。

　　由于水平有限，疏漏甚至错误在所难免，恳请各位读者、专家和朋友不吝赐教。

编著者

2019年12月20日

目录
— Contents —

03
草本
HERBS

04
藤本
VINES

思茅黄肉楠 别名：麦硬

Actinodaphne henryi
Gamble

—

樟科
Lauraceae

—

黄肉楠属
Actinodaphne

产地分布： 原产云南南部。

生态习性： 喜光，喜温暖湿润气候环境，耐旱、耐贫瘠。

应用形式： 孤植、列植。可作园景树或行道树。

观赏特性： 树形美观，叶片披针形，嫩叶银白色，呈下垂状聚生枝顶，宛如束束花朵挂满枝头，非常醒目壮观。

花　　期： 12月至翌年2月。

植物简介： 常绿乔木，树干笔直，树形呈塔形。叶4～6片聚生枝顶成轮生状，叶片革质，披针形，长17～40cm、宽3.7～13cm，先端渐尖或长渐尖，基部楔形；叶柄粗壮，密被灰黄色茸毛；新叶银白色。伞形花序排列呈总状。浆果近球形，果托杯全缘或波状，外面被短柔毛，果梗被灰黄色短柔毛。

白金汉木　别名：曲牙花

产地分布：原产澳大利亚。我国广东有栽培。

生态习性：喜光，喜高温、多湿的气候，不耐寒冷。

应用形式：孤植、列植。可作园景树或行道树。

观赏特性：花被和雌蕊反卷，形似刷子，花形奇特，花序大而美丽，具有较高的观赏价值。

花　　期：6~8月。

植物简介：常绿乔木，高达30m，栽培植株高7~8m。幼叶浅裂；成年叶全缘，椭圆形，长8~16cm、宽3~7cm。总状花序长20cm，花白色。蓇葖果木质。

Buckinghamia celsissima
F. Muell.

|

山龙眼科
Proteaceae

|

曲牙花属
Buckinghamia

梭果玉蕊　别名：金刀木、云南玉蕊

Barringtonia fusicarpa
H. H. Hu

|

玉蕊科
Lecythidaceae

|

玉蕊属
Barringtonia

产地分布： 我国特有植物，产云南南部和东南部。

生态习性： 喜温暖湿润环境，耐半阴，不耐旱；喜肥沃壤土。

应用形式： 孤植。

观赏特性： 树形优美，叶色油绿，花果序长而飘逸，为优良的园林景观树种。

花　　期： 5～7月。

植物简介： 常绿大乔木。叶坚纸质，倒卵状椭圆形、椭圆形至狭椭圆形，顶端短尖至短渐尖，有时圆形或凹缺，基部楔形，下延，全缘或有不明显的小齿。花白色或粉红色，排成长而悬垂的穗状花序，具清香，夜晚开花，日出即凋谢。果实梭形。

红花玉蕊 别名: 玉蕊、水茄苳

Barringtonia racemosa
(L.) Spreng.

|

玉蕊科
Lecythidaceae

|

玉蕊属
Barringtonia

产地分布: 产于海南、台湾。广布于非洲、亚洲和大洋洲的热带、亚热带地区。

生态习性: 喜阳植物，具有一定的耐旱和抗涝性。

应用形式: 孤植或群植。

观赏特性: 树姿优美，花红色，穗状花序下垂，长达70cm以上，串串红花，甚为美丽。

花 期: 6~7月。

植物简介: 常绿乔木。叶常丛生枝顶，有短柄，纸质，倒卵形至倒卵状椭圆形或倒卵状矩圆形，顶端短尖至渐尖，基部钝形，微心形，边缘有圆齿状小锯齿。总状花序顶生，稀在老枝上侧生，下垂，长达70cm或更长；花朵清丽芳香，春末夏初开花，花期长。秋季果熟，鲜蓝色的累累果实亦堪观赏。枝叶繁茂，有抗烟尘和抗有毒气体的环保作用。

单蕊羊蹄甲　　别名：蝴蝶花

产地分布：原产马达加斯加。我国广东、云南、
福建有引种栽培。

生态习性：喜光照，喜温暖的生长环境，耐贫
瘠，稍耐旱，稍耐寒，不择土壤，但
以肥沃、排水良好的土壤为宜。

应用形式：孤植或列植。

观赏特性：花大而美丽，为优良的观赏园林树种。

花　　期：几全年。

植物简介：常绿小乔木，高3～8m。叶互生，叶片
基部心形，顶端2裂，沿中肋对折，似
一对蝴蝶的翅膀。总状花序，花梗短；
花瓣5枚，开展，其中1枚黄色，具红色
或深红色斑纹；其余4枚粉红色至白色；
具1枚大而弯曲的雄蕊和5枚退化的雄
蕊。荚果长而扁平，具10～20粒种子。

Bauhinia monandra
Kurz

|

豆科
Leguminosae

|

羊蹄甲属
Bauhinia

越南抱茎茶

别名：抱茎连蕊茶

Camellia amplexicaulis
(Pit.) Cohen-Stuart

|

山茶科
Theaceae

|

山茶属
Camellia

产地分布： 原产越南。我国华南地区有引种栽培。

生态习性： 喜半阴环境，不能忍耐夏季强阳光暴晒；抗寒能力一般，但耐霜冻。喜微酸性、土层深厚土壤，忌水淹，忌氯。

应用形式： 树林下或林缘丛植或盆栽观赏。

观赏特性： 叶片基部心形抱茎，形态奇特；花色鲜红，花期长，观赏价值高。

花　　期： 10月至翌年4月。

植物简介： 常绿小乔木。叶狭长、浓绿色，基部心形，与茎紧紧相抱生长，故而得名。花蕾由叶腋与干茎之间冒出，花色鲜红，与狭长直立的叶片相映成趣。

南山茶　别名：广宁红花油茶

产地分布： 产广东西江及广西东南部。

生态习性： 性喜温暖、湿润，适宜于半阴蔽环境；
喜腐殖质丰富、排水良好的酸性土壤，
忌积水。

应用形式： 孤植、列植或片植。

观赏特性： 花朵红艳美观，盛花期在冬春季节，果
实外表也是浅红色的特性，为早春观
花，入秋赏果的优良观赏植物。

花　　期： 1～2月。

植物简介： 常绿小乔木，树冠卵球形，高8～12m。
叶互生，革质，边缘上半部有锯齿。花
红色，单生枝顶，花芽被黄褐色短茸
毛。蒴果卵球形，直径4～8cm，果皮厚
木质，厚1～2cm。

Camellia semiserrata
C. W. Chi

山茶科
Theaceae

山茶属
Camellia

爪哇决明

Cassia javanica
L.

|

豆科
Leguminosae

|

决明属
Cassia

产地分布： 原产于马来西亚、印度尼西亚、菲律宾等地。我国广东、广西、云南有引种栽培。

生态习性： 喜光照，喜高温、湿润，稍耐旱、耐轻霜及短时间的低温，怕涝。不择土壤，在砂质土、黏质土、酸性土或微碱的壤土中均能正常生长。

应用形式： 孤植或列植。

观赏特性： 树形优美，花开时枝头花朵密，粉红粉白一片片，似层层云霞，花色艳丽迷人，花期长，是优良的庭院、行道树种。

花　　期： 5～7月。

植物简介： 常绿乔木，高5～9m。小枝纤细，稍下垂。偶数羽状复叶，有小叶6～13对，小叶椭圆形。伞房状总状花序，具多数花，苞片卵状披针形，宿存，萼片卵形，花瓣粉红色至粉白色。荚果圆筒形，黑褐色，具明显环状节。

美丽决明

别名：美丽山扁豆、美洲槐

Senna spectabilis (DC.)
H. S. Irwin & Barneby

|

豆科
Leguminosae

|

番泻决明属
Senna

产地分布： 原产美洲热带地区。我国广东、云南南部有栽培。

生态习性： 喜光，适宜在高温高湿，水热平衡的气候条件下生长。对土壤的适应性较强，但以肥沃湿润、土层深厚、排水良好的砂质土壤长势最好；能耐碱性土，对弱酸性土也可适应。

应用形式： 孤植、群植或行道树。

观赏特性： 枝叶繁茂，树形美观；花黄色，花色灿烂，鲜艳夺目，是一种优良的观赏植物。

花　　期： 9～11月。

植物简介： 常绿小乔木，高5～7m；嫩枝密被黄褐色茸毛。叶互生，叶轴及叶柄密被黄褐色茸毛，无腺体；小叶对生，椭圆形或长圆状披针形，顶端短渐尖，具针状短尖，基部阔楔形或稍带圆形，稍偏斜。顶生圆锥花序或腋生总状花序，花梗及总花梗密被黄褐色茸毛；花瓣黄色，有明显的脉。荚果长圆筒形，种子间稍收缩。

高盆樱花

别名：云南樱花、西府海棠

产地分布： 云南、西藏、福建武夷山。尼泊尔、不丹、缅甸也有分布。

生态习性： 喜光照充足和温暖湿润环境，适宜在土层深厚、土质疏松、透气性好、保水力较强的微酸性砂壤土或砾质壤土上栽培。

应用形式： 孤植、丛植或片植。

观赏特性： 树形优美、花香怡人，萼筒和萼片皆深红色，花瓣深粉红色，开花时满树是花，见花不见叶，艳丽夺目。

花　　期： 1~2月。

植物简介： 落叶乔木。叶卵状披针形，托叶线形，基部羽裂。伞形花序有花2~4朵；萼筒和萼片皆深红色，花瓣深粉红色。开花时满树是花，见花不见叶，艳丽夺目。

Cerasus cerasoides (Buch. -Ham. ex D. Don) S. Y. Sokolov

|

蔷薇科
Rosaceae

|

樱属
Cerasus

叉叶木 别名：十字架树

Crescentia alata
Kunth

|

紫葳科
Bignoniaceae

|

葫芦树属
Crescentia

产地分布： 原产南美热带地区。广东、云南等地有栽培。

生态习性： 喜温暖、湿润的环境。对土壤的要求不严，但在土层深厚、肥沃、排水良好的砂质土壤中生长良好。

应用形式： 孤植。

观赏特性： 树姿优美，老茎生花；花冠佛焰苞状，具紫褐色斑纹；果实淡绿色，向阳面常为紫红色，如小西瓜般。

花　　期： 10～12月。

植物简介： 常绿小乔木，高3～6m。老茎生花；叶簇生于小枝上，小叶3枚，长倒披针形至倒匙形，几无柄，侧生小叶2枚，叶柄具阔翅，叶形似十字架。花冠佛焰苞状，具紫褐色斑纹。果实淡绿色，近球形，直径5～7cm，光滑，不开裂。

大黄栀子

别名： 云南黄栀子

产地分布： 产于云南澜沧、勐海、景洪、勐腊等地。
老挝、泰国也有分布。

生态习性： 喜温暖湿润环境，耐半阴，不耐旱。

应用形式： 孤植或丛植。

观赏特性： 树形美观；花芳香，花冠黄色或白色，
高脚碟状。

花　　期： 4~5月。

植物简介： 常绿乔木，小枝常具明显的节。叶纸质
或革质，倒卵形、倒卵状椭圆形、广椭
圆形或长圆形，顶端短渐尖，尖头钝或
稍钝，基部钝，楔形或稍短尖；托叶合
生成管状。花大，直径约7cm，芳香，
花冠黄色或白色，高脚碟状，裂片5；
雄蕊5枚，着生在花冠喉部。

Gardenia sootepensis
Hutch.

茜草科
Rubiaceae

栀子属
Gardenia

长柄银叶树

别名：白楠、白符公、大叶银叶树、狭叶银叶树

Heritiera angustata
Pierre

|

梧桐科
Sterculiaceae

|

银叶树属
Heritiera

产地分布： 产于海南岛东南部和云南。柬埔寨也有分布。

生态习性： 中性植物，喜光照充足、温暖湿润环境，喜土层深厚肥沃土壤，不耐干旱。

应用形式： 孤植或列植。

观赏特性： 树形优美，叶片大而浓绿；圆锥花序顶生或腋生，花粉红色，花多而密集。

花　　期： 3~4月。

植物简介： 常绿乔木，高达12m，树皮灰色，小枝幼时被柔毛。叶革质，矩圆状披针形，全缘，顶端渐尖或钝，基部尖锐或近心形，上面无毛，下面被银白色或略带金黄色的鳞秕；叶柄长2~10cm。圆锥花序顶生或腋生，花红色；萼坛状，两面均被星状柔毛，裂片三角形。果为核果状，顶端有长约1cm的翅。

樟叶槿　别名：樟叶木槿

产地分布： 产于海南。越南、老挝、泰国、缅甸、印度尼西亚也有。

生态习性： 喜阳光充足环境，苗期稍耐阴；不耐旱，适宜土壤肥沃的壤土栽培。

应用形式： 孤植或丛植。

观赏特性： 花冠硕大，金黄色，花心紫色，花期长，虽然花朵早放晚落，但每天花量依然较多，具有较好的观赏效果。

花　　期： 全年都有开放，9~11月为盛花期。

植物简介： 常绿小乔木，高达7m；小枝圆柱形，淡灰白色，平滑无毛或具极细毛。叶纸质至近革质，卵状长圆形至椭圆状长圆形，先端短渐尖，基部钝至阔楔形，全缘，两面均平滑无毛，上面暗绿色，下面苍绿色。花冠黄色，花心紫色，花全年不定期开放，9~11月较为集中。

Hibiscus grewiifolius Hassk.

|

锦葵科
Malvaceae

|

木槿属
Hibiscus

蕊木

别名: 梅桂、马蒙加锁、云南蕊木

Kopsia arborea
Bl.

|

夹竹桃科
Apocynaceae

|

蕊木属
Kopsia

产地分布: 产于云南南部。

生态习性: 中性植物,在半阴环境下生长良好,喜温暖湿润环境。适应性强,对栽培土壤要求不严。

应用形式: 孤植或列植。

观赏特性: 树形优美,聚伞花序顶生;花冠高脚碟状,花色洁白素雅,中心一点红。

花　　期: 4~9月。

植物简介: 常绿小乔木,具乳汁。叶坚纸质,对生,椭圆形或长圆形,端部短渐尖,基部楔形。聚伞花序顶生;花冠高脚碟状,花色洁白素雅,中心一点红。果椭圆形,成熟后黑色。

多花紫薇 别名：泰国紫薇

产地分布： 原产于缅甸、泰国南部及马来半岛。中国南方有栽培。

生态习性： 喜光植物，喜温暖湿润环境；适应性强，对土壤要求不严。

应用形式： 孤植、群植或列植。

观赏特性： 树形优美，树皮光滑；大型圆锥花序，花开放时呈紫粉双色，非常醒目，具有较好的观赏价值。

花　　期： 8～10月。

植物简介： 落叶乔木，高8～12m，树冠开展。树皮灰色，光滑，常剥落。叶片宽大，有光泽。大型圆锥花序顶生，花紫粉色，具有较好的园林观赏价值，可作园景树或行道树。

Lagerstroemia floribunda
Jack sec. Griff.

千屈菜科
Lythraceae

紫薇属
Lagerstroemia

铁力木

Mesua ferrea
L.

|

藤黄科
Guttiferae

|

铁力木属
Mesua

产地分布: 产云南、广东、广西。亚洲南部、东南部地区也有分布。

生态习性: 喜温暖、湿润的栽培环境,在阳光充足至半阴蔽条件下均能生长良好。

应用形式: 庭院观赏或行道树。

观赏特性: 本种四季常绿,树形美观,初春观叶叶带红,初夏赏花花带香,花大而美丽,是庭园美化观赏优良树种。

花　　期: 3～5月。

植物简介: 常绿乔木,高3～8m。树干笔直,树冠圆锥形。叶对生,叶片披针形至线状披针形,幼嫩时黄色带红,老时深绿色,常下垂。花大而美丽,萼片4枚,外方2枚较大,圆形;花瓣4枚,白色,倒卵状楔形;雄蕊多数,柱头盾形。果卵球形或扁球形。

石碌含笑

产地分布： 产海南、广东。

生态习性： 喜温暖、湿润的栽培环境，稍耐干旱。

应用形式： 庭园观赏或行道树。

观赏特性： 本种为濒危种（EN），我国特有物种，属国家二级重点保护野生植物，具有重要的科研价值；其株形优美，枝叶繁茂，四季油绿，开花时，花似一个个石碌辘，还伴随着阵阵芳香，妙趣可人。

花　　期： 4～5月。

植物简介： 常绿乔木，高5～8m，树皮灰色。小枝、叶、叶柄均无毛。叶革质，倒卵状长圆形，叶面深绿色，下面粉绿色。花白色，花被片9枚，3轮，花瓣倒卵形，初开放时围成圆球状，雌蕊群从中伸出。

Michelia shiluensis
Chun et Y. F. Wu

木兰科
Magnoliaceae

含笑属
Michelia

金莲木　别名：似梨木、米老鼠树

Ochna integerrima
(Lour.) Merr.

|

金莲木科
Ochnaceae

|

金莲木属
Ochna

产地分布： 广东、海南和广西。印度、缅甸、马来西亚均有分布。

生态习性： 喜温暖、湿润及阳光充足的环境，耐热、不耐寒，对土壤要求不严。

应用形式： 孤植、丛植或片植。

观赏特性： 先花吐妍、后叶吐绿，满树黄花娇美烂漫，叶色翠绿雅致，果实极富艺术性，是极为优良的观花观果植物。

花　　期： 3~4月。

植物简介： 落叶小乔木，高2~7m。叶纸质，椭圆形、倒卵状长圆形或倒卵状披针形，顶端急尖或钝，基部阔楔形。花先叶绽放；花丝纤细，亮黄夺目；花萼、雄蕊结果时不脱落，并逐渐转为暗红色，花托上着生数个果实，果实初期绿色，成熟时呈紫黑色。

玫瑰树

Ochrosia borbonica
J. F. Gmel.

|

夹竹桃科
Apocynaceae

|

玫瑰树属
Ochrosia

产地分布： 原产毛里求斯和留尼汪岛。我国广东有引种栽培。

生态习性： 喜温暖、湿润的栽培环境。在半阴环境或漫射光下生长良好，稍耐旱，耐寒，不择土壤，但以肥沃、排水性好的壤土为宜。

应用形式： 孤植或列植。

观赏特性： 树形优美，花洁白典雅，果鲜艳亮泽，花、果期近全年，观赏性强。

花　　期： 几全年。

植物简介： 常绿小乔木，高3～6m，具乳汁，无毛。叶对生或轮生，叶片近革质，倒卵形椭圆形，侧脉密生，几平行。聚伞花序伞房状，生于近顶端叶腋处，花白色，高脚碟形，花冠裂片5枚。核果椭圆形，橙红色至红色，具光泽。

大花茄　别名: 木番茄

产地分布: 原产南美玻利维亚至巴西，现热带、亚热带地区广泛栽培。

生态习性: 性喜高温，耐热、耐旱、不耐寒。不择土壤，喜排水良好的壤土或砂质壤土。

应用形式: 孤植或丛植。

观赏特性: 花冠浅钟状，初开时蓝紫色，渐褪至近白色；浆果球形，成熟时橙黄色，可营造"大树结茄子"的奇观，是一种花果兼具的优良观赏植物。

花　　期: 6~10月。

植物简介: 常绿大灌木或小乔木，小枝及叶柄具刚毛及星状分枝的硬毛或刚毛以及粗而直的皮刺。叶互生，叶片大、通常羽状半裂，叶面具刚毛状单毛。花非常大，组成二歧侧生的聚伞花序，花冠浅钟状，5裂，初开时蓝紫色，渐褪至近白色。浆果球形，成熟时橙黄色。

Solanum wrightii
Benth.

|

茄科
Solanaceae

|

茄属
Solanum

加椰芒

别名：食用槟榔青、金酸枣、番橄榄

Spondias dulcis
Parkinson

|

漆树科
Anacardiaceae

|

槟榔青属
Spondias

产地分布： 原产南美洲。我国广州和厦门有引种栽培。

生态习性： 喜光，喜温暖湿润气候环境。

应用形式： 孤植、列植。

观赏特性： 树形优美，春夏季节叶色嫩绿，秋冬季节树叶通体变黄，甚为美观，是极具观赏价值的秋叶植物。

花　期： 12月上旬至中旬。

植物简介： 落叶乔木，高10～12m。小枝粗壮，无毛，具小皮孔。叶互生，一回偶数羽状复叶，小叶对生，卵状长圆形，先端渐尖，基部近圆形，稍偏斜，全缘。圆锥花序顶生，花小，绿黄或绿白色。核果椭圆形，成熟时黄色。果可生食，也可制成蜜饯、果脯。秋季黄叶颜色非常透亮，满树金黄，是热带地区极为美丽的秋叶树种。

大叶斑鸠菊 别名：大叶鸡菊花

Vernonia volkameriifolia
DC.

|

菊科
Compositae

|

斑鸠菊属
Vernonia

产地分布： 产于云南、贵州、广西、西藏。

生态习性： 喜阳光充足环境，也耐半阴；不耐旱，喜肥沃壤土或砂质壤土。

应用形式： 孤植或丛植。

观赏特性： 姿态优美，大型复合圆锥花序，花淡紫红色，盛开时，大大的花序缀满枝头，犹如粉色云朵，极为美丽。

花　　期： 3～4月。

植物简介： 常绿大乔木，枝粗壮，圆柱形，被淡黄褐色茸毛。叶大，互生，倒卵形或倒卵状楔形，稀长圆状倒披针形，顶端短尖或钝，稀渐尖，基部楔状渐狭，边缘深波状或具疏粗齿，稀近全缘。大型复合圆锥花序，花淡红紫色。盛花时节，大大的花序缀满枝头，犹如粉色云朵。抗风性强。

紫蝉花 别名：紫花黄蝉

Allamanda blanchetii
A. DC.

|

夹竹桃科
Apocynaceae

|

黄蝉属
Allamanda

产地分布：原产巴西。我国广东、广西、云南、福建南部、台湾、香港、澳门等地有引种栽培。

生态习性：喜阳植物，喜温暖湿润气候。适宜肥沃砂质微酸性壤土栽培，忌积水。

应用形式：孤植、丛植、片植。

观赏特性：花形如喇叭、花冠暗桃红色或淡紫红色，花大色艳，颇具观赏价值。

花　　期：3～9月。

植物简介：常绿蔓性花灌木，高达3m。叶3～4枚轮生，叶片长椭圆形或倒卵状披针形，先端突尖，全缘。聚伞花序顶生或生于枝上叶腋；花冠漏斗状，暗桃红色或淡紫红色，冠喉颜色较深，顶端5裂，裂片基部交叠，基部圆形。

粗茎紫金牛

产地分布: 云南河口。

生态习性: 喜阴植物，耐阴性强。喜温暖湿润环境，不耐旱、不耐寒。栽培基质要求疏松透气、排水良好、腐殖质丰富。

应用形式: 林下群植、片植或盆栽观赏。

观赏特性: 株型紧凑，叶片硕大似扇子，叶面墨绿色，背面深红色；花淡粉色，花多繁密；果圆球形，鲜红色，是一种花、果、叶兼具观赏性的新优观赏植物。

花　期: 4~5月。

植物简介: 常绿小灌木，具粗厚的匍匐生根的根茎，直立茎不分枝，高约50cm。叶通常聚集于茎顶端，叶片坚纸质，广椭圆状倒卵形或倒卵形，顶端急尖或钝，基部下延而成狭翅，长20~40cm、宽10~20cm，边缘具紧密的啮蚀状齿；叶柄具皱波状翅。总状花序或圆锥花序，生于茎顶端叶腋，花淡粉色；花萼基部连合，萼片卵形，顶端钝或急尖，具腺点；花瓣广椭圆状卵形，顶端钝或近圆形，具腺点。

Ardisia dasyrhizomatica
C. Y. Wu et C. Chen

|

紫金牛科
Myrsinaceae

|

紫金牛属
Ardisia

小乔木紫金牛

Ardisia garrettii
H. R. Fletcher

|

紫金牛科
Myrsinaceae

|

紫金牛属
Ardisia

产地分布： 产于西藏、云南、贵州。越南、泰国、缅甸也有分布。

生态习性： 喜阴，也能耐一定光照，以荫蔽、通风环境下生长较好，适合林下或林缘种植。喜腐殖质丰富、疏松透气的微酸性土壤。

应用形式： 丛植、片植。

观赏特性： 株形优美，花虽小，但花较多、质感独特，果实鲜红色，挂果期长，花果兼具较好的观赏性。

花　　期： 4~6月。

植物简介： 常绿灌木或小乔木，高1~5m，侧生小枝粗壮。叶片坚纸质，椭圆状披针形或倒披针形，顶端急尖或渐尖，基部楔形，全缘。亚伞形花序，花萼仅基部相连，萼片宽卵形或近圆形；花瓣厚，蜡质，淡粉色至白色。果扁球形，红色，稀黑色。

矮紫金牛

Ardisia humilis
Vahl

|

紫金牛科
Myrsinaceae

|

紫金牛属
Ardisia

产地分布： 广东徐闻，海南。

生态习性： 喜阴，也能耐一定光照，在半阴环境下生长表现较好。喜肥沃土壤，不耐干旱。

应用形式： 群植或片植。

观赏特性： 花粉红色或红紫色，花色艳丽，花多，果鲜红色，是一种花果兼具观赏价值的花灌木。

花　　期： 3～4月。

植物简介： 常绿灌木，高1～2m；茎粗壮，不分枝，但侧生花枝多。叶片革质，倒卵形或椭圆状倒卵形，稀倒披针形，基部楔形，微下延，全缘，无毛，两面密被小窝点；叶柄粗壮。花由多数亚伞形花序或伞房花序组成的金字塔形的圆锥花序，着生于粗壮的侧生特殊花枝顶端；花瓣粉红色或红紫色，无毛，无或有腺点；雄蕊与花瓣近等长；雌蕊与花瓣等长，子房球形，具腺点，无毛。果球形，暗红色至紫黑色，具腺点。

铜盆花　　别名：山巴、钝叶紫金牛

产地分布：广东徐闻，海南。

生态习性：中性植物，喜高温高湿环境，耐阴，也能耐一定光照，有一定的耐寒和耐旱性。对土壤要求不严，自播能力强、耐修剪。

应用形式：丛植或群植。

观赏特性：花瓣淡紫色或粉红色，花量非常大，花朵层层叠叠，花期长达2个月之久；果暗红色至黑色，是一种优良的花灌木。

花　　期：3~4月。

植物简介：常绿灌木，高1~6m；小枝有棱，无毛。叶片坚纸质，倒披针形或倒卵形，顶端急尖、钝或圆形，基部楔形，全缘，无边缘腺点，两面无毛。花由复伞房花序或亚伞形花序组成圆锥花序，顶生；萼片三角状卵形至长圆状卵形，顶端急尖；花瓣淡紫色或粉红色，卵形；雄蕊与花瓣几等长；雌蕊与花瓣等长或花柱露出花瓣。果球形，熟时黑色。

Ardisia obtusa
Mez

|

紫金牛科
Myrsinaceae

|

紫金牛属
Ardisia

总序紫金牛

Ardisia pubicalyx var. *collinsiae*
(H. R. Fletcher) C. M. Hu

|

紫金牛科
Myrsinaceae

|

紫金牛属
Ardisia

产地分布： 越南、老挝、泰国、马来半岛、印度尼西亚。

生态习性： 喜温暖湿润气候环境；半阴植物，能耐一定光照，宜种植于阴蔽林下或林缘。对栽培土壤要求不严，但以疏松、不板结、富含腐殖质的土壤为好。

应用形式： 丛植或片植，也可用于庭院角隅处或山石旁。

观赏特性： 总状花序长达12cm，花紫色，花瓣具黑色腺点，果暗红至黑色，花果期一串串小花或红果悬挂枝稍，非常精致美观。

花　　期： 6～10月。

植物简介： 常绿灌木，高1～2m。叶片薄革质，椭圆形或椭圆状披针形，顶端渐尖，基部宽楔形，边缘全缘。总状花序；花瓣紫色，卵形，顶端渐尖，具黑色腺点；雄蕊略短于花瓣，花药披针形，背面具紫黑色腺点。果球形，熟时暗红色至黑色。

假杜鹃

Barleria cristata
L.

|

爵床科
Acanthaceae

|

假杜鹃属
Barleria

产地分布： 产于我国台湾、福建、广东、海南、广西、四川、贵州、云南和西藏等地。中南半岛、印度和印度洋一些岛屿也有分布。

生态习性： 喜阳植物，适应性强，耐干旱、耐瘠薄，对栽培土壤要求不严。

应用形式： 花坛、花境及林缘片植。

观赏特性： 花蓝紫色或白色，花量大，极具观赏性，适合营造花境景观。

花　期： 11～12月。

植物简介： 小灌木，高0.5～1.5m。茎圆柱状，被柔毛，分枝多。叶片纸质，椭圆形、长椭圆形或卵形，先端急尖，有时有渐尖头，基部楔形，下延。花通常2朵生于叶腋，花冠蓝紫色或白色，2唇形，花冠管圆筒状，喉部渐大，冠檐5裂，裂片近相等，长圆形。蒴果长圆形。

双色假杜鹃

别名：条纹假杜鹃、菲律宾条纹紫罗兰

Barleria cristata
'Lavender Lace'

|

爵床科
Acanthaceae

|

假杜鹃属
Barleria

产地分布： 原产地为印度和东南亚地区。我国华南有引种栽培。

生态习性： 喜阳植物，适应性强，耐干旱、耐瘠薄，对栽培土壤要求不严。

应用形式： 花坛、花境及林缘片植。

观赏特性： 花瓣有紫色、白色相间的条纹，花量大，极具观赏性，适合营造花境景观。

花　　期： 11~12月。

植物简介： 常绿小灌木，高0.5~1.5m。茎圆柱形，被柔毛；叶对生，叶片长椭圆形至狭卵状披针形；聚伞花序顶生或近顶端腋生，苞片、小苞片边缘刺齿状，花冠管筒状，顶端裂片5枚，裂片上有紫色、白色相间的条纹。

黄花羊蹄甲

产地分布： 原产于印度、斯里兰卡和北非。我国南方有引种栽培。

生态习性： 喜光植物，喜光照充足的环境，喜温暖至高温湿润气候。适应性强，较耐低温，耐干旱耐贫瘠，对土壤要求不严。

应用形式： 丛植或列植。

观赏特性： 树形优美，花黄色，形如钟状，犹如一个个铃铛悬挂枝头，极为美丽。

花　期： 6～10月。

植物简介： 直立灌木，高1～4m。叶片纸质，近圆形，先端2深裂，基部圆、平截或浅心形。花通常2朵、有时1～3朵组成侧生枝头。花萼佛焰状，一侧开裂；花瓣淡黄色，上面一片基部中间有深黄色或紫色的斑块，阔倒卵形，先端圆，开花时各瓣互相覆叠形成钟形的花冠。荚果带状，扁平。

Bauhinia tomentosa
L.

|

豆科
Leguminosae

|

羊蹄甲属
Bauhinia

大花鸳鸯茉莉

别名：大花番茉莉、大鸳鸯茉莉

Brunfelsia pauciflora
(Cham. & Schltdl.) Benth.

|

茄科
Solanaceae

|

鸳鸯茉莉属
Brunfelsia

产地分布： 原产巴西及西印度群岛。我国南方有栽培。

生态习性： 喜光，稍耐半阴，喜温暖湿润环境。不耐旱，适宜肥沃的壤土栽培。

应用形式： 丛植或群植。

观赏特性： 花大，花期长；花朵从破蕾到盛开之初颜色为深蓝色，后变得纯白，先开者已变白，后开者仍为深紫，双色花像鸳鸯一样齐放枝头，非常漂亮。

花　　期： 3~5月，8~12月。

植物简介： 常绿灌木。叶较大，互生，长披针形，叶缘略波皱。花单生或2~3朵簇生于枝顶，直径可达5cm，花冠高脚碟状，初开时蓝色，后转为白色，芳香。果绿色，卵球形。

文雀西亚木　别名：杏黄林咖啡

产地分布：	原产巴西、秘鲁、智利、哥伦比亚、玻利维亚等地。华南植物园有引种栽培。
生态习性：	喜阳植物，喜温暖湿润的气候环境。对栽培土壤要求不严，土层深厚肥沃则长势更佳。
应用形式：	丛植。
观赏特性：	花柠檬黄色，花期长；果实熟时橙色或红色，花果兼具观赏性。
花　　期：	5~9月。
植物简介：	常绿灌木或小乔木，高3~5m。单叶，对生，叶片卵形或椭圆形，先端渐尖，基部楔形或近圆形，边缘浅波状。果实卵圆形，幼果浅绿色，成熟时橙色或红色。

Bunchosia armeniaca
(Cav.) DC.

金虎尾科
Malpighiaceae

林咖啡属
Bunchosia

黄花夜香树

别名：黄瓶子花、黄花洋素馨、金夜丁香

Cestrum aurantiacum
Lindl.

|

茄科
Solanaceae

|

夜香树属
Cestrum

产地分布： 原产美洲热带，现广植于热带及亚热带地区。

生态习性： 喜光植物，也稍耐阴；温暖湿润环境。不耐严重霜冻，对栽培土壤要求不严。

应用形式： 丛植。

观赏特性： 总状聚伞花序，花萼钟状，花冠筒状漏斗形，开展或向外反折，淡黄色至橙色，夜间极香。

花　　期： 5～12月。

植物简介： 常绿灌木。叶长圆状卵形或椭圆形。总状聚伞花序，花近无梗，花萼钟状，花冠筒状漏斗形，开展或向外反折，淡黄色至橙色，夜间极香。浆果白色。花形独特，亮丽，芳香，适合公园、庭园绿化或盆栽观赏。

紫瓶子花 别名：夜紫香花、紫花夜香树

产地分布： 原产墨西哥。我国南方引种栽培。

生态习性： 喜阳植物，也稍耐阴。耐寒性强，适应性强，对栽培土壤要求不严。

应用形式： 丛植。

观赏特性： 枝条细密，形态优美，花香有驱蚊的特效；花紫红色，花多而密集，花形奇特。

花　　期： 7～12月。

植物简介： 常绿直立或近攀援状灌木。枝条细密，直立或近攀援状，形态优美。傍晚开花，异香扑鼻。叶互生，卵状披针形，先端短尖，边缘波浪状。伞房状花序，腋生或顶生；花紫红色，稠密，腋生或顶生，夜间极香；花冠瓶状。浆果羊角状。

Cestrum purpureum
(Lindl.) Standl.

|

茄科
Solanaceae

|

夜香树属
Cestrum

49

烟火树　别名：星烁山茉莉

Clerodendrum quadriloculare
(Blanco) Merr.

|

马鞭草科
Verbenaceae

|

大青属
Clerodendrum

产地分布： 原产菲律宾及太平洋群岛等地，中国也有零星分布。

生态习性： 喜光，喜温暖湿润气候，不耐寒，稍耐干旱和瘠薄，土壤肥沃时生长表现更佳。

应用形式： 片植或丛植，或点缀于园林小品旁。

观赏特性： 叶背暗紫红色，花形奇特，开花如烟火般，极为美观。

花　　期： 2~4月。

植物简介： 半常绿灌木，高1~2m。叶对生，长椭圆形，先端尖，全缘或锯齿状波状缘，叶背暗紫红色。聚伞形花序顶生，众多；花筒紫红色，前端反卷，前端炸开五片洁白耀眼的长型花瓣，花色绚丽多彩，好似繁星闪烁，犹如"团团烟火"，吐露出金丝银柳般的花蕊，非常壮观。

垂茉莉

别名：垂枝茉莉、黑叶龙吐珠

产地分布： 产广西西南部、云南西部和西藏。印度东北部、孟加拉国、缅甸北部至越南中部也有分布。现热带地区常见栽培。

生态习性： 喜温暖湿润气候环境。中性植物，在半阴或全光照下均生长良好。

应用形式： 孤植或丛植。

观赏特性： 花序自然下垂，小花洁白素雅，如白色蝴蝶翩翩起舞。

花　　期： 10月至翌年4月。

植物简介： 常绿花灌木，小枝锐四棱形或呈翅状，高2～4m。叶片近革质，长圆形或长圆状披针形，先端渐尖或长渐尖，基部狭楔形，全缘。聚伞花序排列成圆锥状，下垂，每聚伞花序对生或交互对生，花序梗及花序轴锐四棱形或翅状；花萼萼管短，裂片5，花期淡绿色，果期时增大增厚，变为鲜红色或紫红色；花冠高脚碟状，白色，花冠筒细长，5裂；雄蕊4，雄蕊及花柱伸出花冠，花丝在花后旋卷。核果球形，初时黄绿色，成熟后黑色。

Clerodendrum wallichii
Merr.

马鞭草科
Verbenaceae

大青属
Clerodendrum

垂序金虎尾

Lophanthera lactescens
Ducke

金虎尾科
Malpighiaceae

乳金英属
Lophanthera

产地分布： 原产巴西、乌拉圭。我国广东有引种栽培。

生态习性： 喜温暖、湿润、阳光充足的栽培环境。

应用形式： 孤植或丛植，可用于庭院观赏、路缘绿化美化及花境景观配置。

观赏特性： 叶四季常绿，花金黄色，花序下垂，花朵小而密集，如一道道金黄色的垂帘，美丽而富有情趣。

花　　期： 5~9月。

植物简介： 常绿灌木至乔木。叶对生或轮生，倒卵圆形，顶端急尖。聚伞花序顶生，花序长而下垂，具多数花，着花密集，花萼5枚，基部具乳突，黄色；花瓣5枚，金黄色，倒卵圆形，开展。

非洲芙蓉

别名：吊芙蓉、百铃花、热带绣球花

Dombeya burgessiae
Gerrard ex Harv.

|

梧桐科
Sterculiaceae

|

非洲芙蓉属
Dombeya

产地分布： 原产东非及马达加斯加等地，现广泛种植于世界各地。

生态习性： 喜阳植物，也稍耐阴，在部分遮光的条件下亦能生长良好，但在全光照条件下种植时生长表现更佳。喜肥沃土壤，稍耐旱，不耐寒。

应用形式： 丛植或片植。

观赏特性： 伞形花序，宛如绣球，如同一个个悬垂的花球，非常惹人喜爱花序呈球形。花美丽且有淡淡的香味，具有极高观赏价值的新优园林观赏植物。

花　　期： 12月至翌年3月。

植物简介： 常绿灌木，高2～3m；树冠圆形、枝叶密集。单叶互生，基部心形，边缘具钝锯齿；掌状脉7～9条。花粉红色，伞形花序，呈球形，花从叶腋间伸出，下垂，宛如花球。

白雪木　　别名: 白雪公主、圣诞初雪、大戟合欢

产地分布: 原产墨西哥。我国南方有引种栽培。

生态习性: 喜高温，耐寒性差，生长适温20～30℃。需全日照环境，半阴条件下植株徒长、株形松散，花量少。栽培宜用疏松肥沃、排水良好的砂质土壤。

应用形式: 群植或片植。

观赏特性: 花白色，花量大；花期和圣诞相近，花色清雅芳香，是一种很喜庆的树种，在美国的弗罗里达州有"小圣诞花"之美称。

花　　期: 11月至翌年2月。

植物简介: 灌木，高2～3m，植株具白色乳汁。茎节部肿大，小枝在节上轮生。叶片5～8片轮生，椭圆形或披针状卵形，先端钝或圆形，基部楔形。花单性，雌雄同株同序；白色，二歧杯状聚伞花序顶生，花密集，具芳香。蒴果三棱扁球形。

Euphorbia leucocephala
Lotsy

大戟科
Euphorbiaceae

大戟属
Euphorbia

流星球兰　别名：蜂出巢

Hoya multiflora
Bl.

|

萝藦科
Asclepiadaceae

|

球兰属
Hoya

产地分布： 产于云南、广西。缅甸、越南、老挝、柬埔寨、马来西亚、印度尼西亚、菲律宾也有分布。

生态习性： 中性植物，阳光充足和半阴条件均能生长；喜温暖湿润环境，不耐旱。

应用形式： 丛植。

观赏特性： 花朵造型奇特，副花冠基部延生角状长距，呈流星状射出，好似蜂群倾巢而出，具有较好的观赏价值。

花　　期： 全年。

植物简介： 直立或蔓生灌木，全株无毛。叶坚纸质，椭圆状长圆形。伞形状聚伞花序腋外生或顶生，向下弯；花冠黄白色，5深裂，开放后反折，花冠喉部具长硬毛；副花冠5裂，裂片披针形，着生于合蕊冠背部，其基部延生角状长距，成星状射出，好似蜂群倾巢而出，因此得名，其花语是"瞬间的美丽"。蓇葖果单生，线状披针形。

椭圆叶木蓝　　别名：红花柴、美丽木蓝

产地分布： 产于云南、广西。巴基斯坦、印度、越南、泰国也有分布。

生态习性： 阳生植物，喜光照充足环境。耐旱、耐瘠薄，适应性强，对栽培土壤要求不严。

应用形式： 丛植或片植。

观赏特性： 花冠淡紫色或紫红色，开花时花朵数量极多，繁花似锦，极具观赏性。

花　　期： 2~3月。

植物简介： 直立灌木，树形飘逸。羽状复叶，小叶椭圆形或倒卵形，具小尖头，上面绿色，下面灰白色。淡紫或紫红色的花排成总状花序，旗瓣阔卵形，先端圆钝；荚果圆柱形。开花时满树粉红花朵，极为壮观。耐干旱性强，是较好的节水型观赏花灌木。

Indigofera cassioides
Rottl. ex DC.

豆科
Leguminosae

木蓝属
Indigofera

白茶树

Koilodepas hainanense
(Merr.) Airy Shaw

|

大戟科
Euphorbiaceae

|

白茶树属
Koilodepas

产地分布： 产于海南。越南北部也有分布。

生态习性： 喜温暖湿润气候环境。喜阳，在半阴环境也能生长。

应用形式： 孤植、丛植。

观赏特性： 树形美观，嫩叶紫红色，总苞鲜红色，具有较好的观赏性。

花　　期： 3～4月。

植物简介： 常绿灌木至乔木。嫩枝密被灰黄色星状毛。单叶，互生，叶片纸质或薄革质，长椭圆形或长圆状披针形，顶端渐尖，基部阔楔形、圆钝或微心形。花序穗状，腋生；苞片阔卵形，红色；雄花5～11朵排成的团伞花序，稀疏排列在花序轴上，雌花1～3朵，生于花序基部；雄花小，雄蕊3～5枚，花丝短，基部合生；雌花花萼杯状，萼裂片5～6枚，披针形或卵形，被茸毛；子房陀螺状，密生短星状毛，花柱多裂，密生羽毛状突起。蒴果扁球形，褐色，被短茸毛；宿萼膜质，疏生星状毛。

红花蕊木

产地分布： 原产于印度尼西亚、印度、菲律宾和马来西亚。我国广东有栽培。

生态习性： 中性植物，喜半阴环境，喜温暖湿润气候。适应性强，对栽培土壤要求不严，以砂质壤土为佳。

应用形式： 丛植或列植。

观赏特性： 四季常绿，花色素雅，花期长，花大而美丽，适合公园、庭院美化。

花　　期： 4~10月。

植物简介： 常绿灌木，高1~3m。叶纸质，椭圆形或椭圆状披针形，顶部具尾尖，基部楔形，两面无毛，上面深绿色，具光泽，下面淡绿色。聚伞花序顶生，萼片卵圆形；花冠粉红色，花冠筒细长，喉部膨大，外面无毛，内面喉部被柔毛，花冠裂片长圆形。

Kopsia fruticosa
(Ker Gawl.) A. DC.

夹竹桃科
Apocynaceae

蕊木属
Kopsia

碧霞

Melastoma
'Bi Xia'

|

野牡丹科
Melastomataceae

|

野牡丹属
Melastoma

产地分布： 华南植物园近年培育的野牡丹属植物新品种，适宜华南地区引种栽培。

生态习性： 喜温暖湿润气候环境，喜光，也耐半阴环境。

应用形式： 片植。适合于花坛、花境或林下、林缘、边坡绿化美化。

观赏特性： 植株低矮匍匐、茎叶密集、姿态优美，花淡紫色，是优良的观花型地被植物。

花　　期： 5～7月。

植物简介： 常绿低矮灌木，茎匍匐，高20～40cm。枝条纤细、分枝多，茎叶密集；小枝绿色，被糙伏毛。叶片榄绿色，被疏糙伏毛，椭圆形至狭椭圆形，长2.5～8cm、宽0.8～3.5cm，顶端钝或急尖，基部狭楔形；基出脉3条，侧脉在上面不明显，背面凸起。聚伞花序顶生或腋生，花浅紫色或玫瑰红色，花瓣多数5枚，稀6枚。蒴果坛状球形，顶端缢缩成颈，熟时红色。

铺地花 '2 号'

Melastoma
'Creeping Flower No2'

|

野牡丹科
Melastomataceae

|

野牡丹属
Melastoma

产地分布： 华南植物园近年培育的野牡丹属植物新品种，适宜华南地区引种栽培。

生态习性： 喜温暖湿润气候环境，喜光，也耐半阴环境。

应用形式： 片植。适合于花坛、花境、林下、林缘、边坡等绿化美化。

观赏特性： 植株低矮匍匐、茎叶密集、姿态优美，花淡紫色，是优良的观花型地被植物。

花　　期： 4～6月。

植物简介： 常绿低矮灌木，茎匍匐，高20～40cm。小枝纤细，分枝多，枝叶密集。嫩枝浅红色，被糙伏毛。叶对生，叶片卵形至宽卵形，长4～8cm、宽2.5～4.5cm，上面无毛，背面沿叶脉疏被糙伏毛，先端渐尖，基部近圆，基出脉3～5条；叶柄翅状延展。聚伞花序顶生，具有1～5朵，花瓣淡紫色，宽倒卵形，基部边沿凸起。蒴果坛状球形，疏被粗毛，熟时黄色。

紫霞

产地分布： 华南植物园近年培育的野牡丹属植物新品种，适宜华南地区引种栽培。

生态习性： 喜温暖湿润气候环境，喜光，也耐半阴环境。

应用形式： 片植。适合于花坛、花境、林下、林缘、边坡等绿化美化。

观赏特性： 植株低矮匍匐，嫩枝紫红色，姿态优美，花深紫色，是优良的观花型地被植物。

花　期： 4~6月。

植物简介： 常绿低矮灌木，茎匍匐，高30~50cm。小枝粗壮，分枝多，嫩枝紫红色，节间较长，被糙伏毛。叶对生，叶片椭圆形至长椭圆形，长6~11.5cm、宽3~5.5cm，两面密被糙伏毛，先端渐尖，基部近圆，基出脉5条。聚伞花序顶生，具有3~7朵，花瓣深紫色，倒卵形。蒴果坛状球形，顶端平截，被粗毛，熟时浅紫红色。

Melastoma
'Zi Xia'

野牡丹科
Melastomataceae

野牡丹属
Melastoma

广东含笑   别名: 黄金含笑

Michelia guangdongensis
Y. H. Yan, Q. W. Zeng & F. W. Xing

|

木兰科
Magnoliaceae

|

含笑属
Michelia

产地分布: 原产广东英德。

生态习性: 阳性植物，喜温暖、湿润气候环境，耐寒。稍耐干旱、耐贫瘠，在疏松肥沃、湿润而排水良好的酸性至微酸性土壤中栽培生长表现良好。

应用形式: 孤植、丛植。

观赏特性: 株形优美，叶背密被红褐色平伏柔毛，色泽独特，花芳香洁白，具有较高的观赏价值，是优良的乡土花灌木。

花　　期: 3~4月。

植物简介: 常绿灌木，芽、嫩枝、叶柄均密被红褐色平伏短柔毛。单叶互生，叶片革质，倒卵状椭圆形或倒卵形，先端圆至急尖，基部圆形或楔形，边缘稍外卷，叶背锈色。花单生于叶腋，芳香，花蕾长卵球形，外面密被红褐色平伏长柔毛；花被片9~12枚，白色，倒卵状椭圆形。该种树形优美，叶片色泽独特，花朵洁白芳香，是一种优良的乡土花灌木。

美序红楼花 别名：紫花鸡冠爵床

Odontonema callistachyum
(Schltdl. et Cham.) Kuntze

|

爵床科
Acanthaceae

|

鸡冠爵床属
Odontonema

产地分布： 原产墨西哥和中美洲。

生态习性： 喜温暖、湿润、半阳生至阳光充足的栽培环境。喜肥沃疏松的壤土。

应用形态： 林缘片植、花境点缀。

观赏特性： 花量大，花色紫红色，冠管纤细，内藏丰富的花蜜，为秋、冬、春观花、招鸟优良植物种类。

花　　期： 11月至翌年6月。

植物简介： 亚灌木至灌木。茎近圆柱形，叶对生，叶片卵状椭圆形、长椭圆形。圆锥聚伞花序顶生和近枝顶腋生，常具分枝，着花密集，花长3~4cm，高碟状，冠管细长，花色紫红，秋冬季节，盛开时热情似火，花中蜜源也为秋冬季节的蜂、鸟等小动物提供越冬食物。

鼠眼木

产地分布：	产于南非。
生态习性：	生长缓慢，喜阳光充足、温暖、湿润的栽培环境，稍耐阴，稍耐旱，稍耐寒，喜肥沃、排水性好的壤土。
应用形式：	庭园观赏和花境景观配置。
观赏特性：	生长缓慢，但耐修剪，花先叶而开放，花色金黄色，艳丽醒目，花后花萼变大，呈鲜红色，衬着近球形绿、黑色的果实，似一只只卡通的米老鼠头像，奇趣可爱，观赏性强。
花　　期：	12月至翌年3月，果期2～5月。
植物简介：	半落叶灌木，高1～3m。茎干棕褐色，具皮孔状突起。叶互生，叶片椭圆形，边缘具细尖齿，幼叶粉红色至红棕色。花常先叶开放，花量大，花瓣5枚，金黄色，开展，雄蕊多数。果实5～6个，近球形，最初为绿色，成熟时黑色，衬着变大而鲜红色的花萼，鲜艳夺目。

Ochna serrulata
Walp.

—

金莲木科
Ochnaceae

—

金莲木属
Ochna

五爪木

Osmoxylon lineare
(Merr.) Philipson

|

五加科
Araliaceae

兰屿加属
Osmoxylon

产地分布： 原产菲律宾。我国云南有引种栽培。

生态习性： 喜温暖、湿润的栽培环境，在阳光充足
至稍阴环境中均能生长良好，稍耐旱。

应用形式： 路边丛植或花境景观配置。

观赏特性： 本种四季常绿，叶形似修长的五指微
微张开，极具异国风情；淡黄色的小
花和紫黑色圆形果实，点缀在枝顶
端，观赏性强。

花　　期： 5~8月。

植物简介： 常绿灌木，高0.8~1.5m。茎浅灰色。
叶掌状分裂，具4~6枚线状裂片。复
伞形花序顶生，径5~10cm，花小，
无梗，花萼漏斗形，扁平。果实卵球
形，紫黑色。

长叶排钱树

产地分布：原产广东、广西、云南南部。缅甸、泰国、老挝、柬埔寨、越南也有分布。

生态习性：喜温暖湿润气候，喜半阴环境。

应用形式：丛植或片植。

观赏特性：苞片排成一个长长的顶生总状圆锥花序悬垂于枝头，形如一长串钱牌，甚为奇特而美丽。

花　　期：8～9月。

植物简介：常绿灌木，高约1m。小枝呈"之"字形弯曲，密被开展、褐色短柔毛。三出复叶，小叶革质，顶生小叶披针形或长圆形，先端急尖，基部圆形或宽楔形；侧生小叶斜卵形，先端急尖，上面疏被毛或近无毛，下面密被褐色软毛。伞形花序，花藏于叶状苞片内，由许多苞片排成顶生总状圆锥花序状，苞片斜卵形，先端微缺。本种花苞藏于对生叶状苞片内，许多苞片排成一个长长的顶生总状圆锥花序悬垂于枝头，形如一长串钱币，甚为奇特美丽。

Phyllodium longipes
(Craib) Schindl.

|

豆科
Leguminosae

|

排钱树属
Phyllodium

蓝花丹

别名：蓝雪花、花绣球、蓝茉莉

Plumbago auriculata
Lam.

|

白花丹科
Plumbaginaceae

|

白花丹属
Plumbago

产地分布： 原产南非南部。

生态习性： 性喜温暖，不耐寒冷。喜欢阳光充足环境，但也耐阴，不宜在烈日下曝晒，不耐旱，适宜肥沃、疏松、通透性良好的壤土栽培。

应用形式： 花境或林缘地被。

观赏特性： 姿态优美，花淡蓝色、清新淡雅，盛花时如同繁星似的鲜艳小花簇生在小枝顶端，非常漂亮。片植时可营造花海景观效果。

花　　期： 5～10月。

植物简介： 常绿蔓生灌木，茎干矮壮，姿态优美。叶通常菱状卵形至狭长卵形，先端骤尖而有小短尖，基部楔形。穗状花序，有花18～30朵；总花梗短；花冠淡蓝色至蓝白色，花冠筒长3～4cm，裂片倒卵形，先端圆；雄蕊略露于喉部之外，蓝色。

雅致山壳骨

Pseuderanthemum andersonii
Lindau

|

骨床科
Acanthaceae

|

山壳骨属
Pseuderanthemum

产地分布： 原产马来西亚、斯里兰卡、印度。我国广东有引种栽培。

生态习性： 喜温暖、湿润，在全日照至半阴环境或漫射光下均能生长良好，以肥沃、排水性好的壤土为宜。

应用形式： 片植或丛植。可于地被植物或林下隐蔽处，也适于路缘花带或花境景观配置。

观赏特性： 株型优美，叶片绿色至深绿色，花蓝紫色至淡蓝紫色，花色典雅、美丽，观赏性强。

花　　期： 4～6月和9～12月。

植物简介： 常绿亚灌木，高0.7～1.2m。叶对生，叶片椭圆形。聚伞花序顶生和近顶端腋生，具多数花。花蓝紫色，高脚碟形，花冠裂片5枚。蒴果具长柄，顶端渐尖。

紫云杜鹃 别名: 大花钩粉草、疏花山壳骨

产地分布: 原产南美洲。

生态习性: 喜温暖、湿润、稍阴蔽、半阳生至阳
光充足的栽培环境。不择土壤,但以
肥沃、疏松的壤土为宜。

应用形态: 花境、园林小景点缀及路边花带应
用,适于丛植和片植。

观赏特性: 花高脚碟状,花色紫色至紫红色,花
姿大方、宜人。

花　　期: 近全年,盛花期3~6月和8~11月。

植物简介: 中、小型灌木,多分枝,耐修剪。叶狭
卵形至狭卵状长椭圆形。三歧聚伞花序
顶生和近枝顶腋生,有时多枝组成圆锥
花序;花长4~5cm,花冠紫红色,高脚
碟状,冠檐裂片5枚,近二唇形。

Pseuderanthemum laxiflorum
(A. Gray) F. T. Hubb. ex L. H. Bailey

爵床科
Acanthaceae

山壳骨属
Pseuderanthemum

'花叶'古巴拉贝木

Ravenia spectabilis
'Variegated'

|

芸香科
Rutaceae

|

荆苗香属
Ravenia

产地分布： 栽培品种。我国广东有引种栽培。

生态习性： 喜温暖、湿润的栽培环境，在阳光充足和半阴蔽环境下均能生长良好，喜肥沃、排水良好的土壤。

应用形式： 丛植，可用于庭院观赏、路缘绿化美化及花境景观配置。

观赏特性： 本种四季常绿，叶上绿黄斑驳，具光泽，花紫红色至粉紫色，花期长，是观花、观叶俱佳的花灌木之一。

花　期： 3~11月。

植物简介： 常绿灌木。叶对生，复叶具3枚小叶，两侧小叶长椭圆形，顶生小叶长倒卵状椭圆形，叶面上绿色、黄绿色相间。聚伞花序顶生，具长梗，花萼5枚，卵圆形，花紫红色至粉红色，裂片5枚，开展。

厚叶石斑木　　别名：厚叶车轮梅、厚叶春花木

产地分布： 产于我国台湾和浙江等地。日本也有分布。

生态习性： 中性偏阳树种，在略有庇荫处生长更好。对土壤适应性强，耐干旱瘠薄。

应用形式： 孤植或丛植。

观赏特性： 姿态优美，花瓣白色、花蕊紫红色；果球形，熟时紫黑色，表面被蜡质白粉，是一种花果兼具观赏性的优良花灌木。

花　　期： 2～3月。

植物简介： 常绿灌木，高1.5～3m。叶片厚革质，长椭圆形、卵形或倒卵形，先端圆钝至稍锐尖，基部楔形，全缘或有疏生钝锯齿，边缘稍向下方反卷；上面深绿色，稍有光泽，下面淡绿色。圆锥花序，顶生，密生褐色柔毛。花瓣5枚，离生，白色，花蕊紫红色。梨果球形，熟时紫黑色，略被蜡质白粉。

Rhaphiolepis umbellata
(Thunb.) Makino

蔷薇科
Rosaceae

石斑木属
Rhaphiolepis

蓝蝴蝶 别名：紫蝶花、紫蝴蝶、乌干达赪桐

Rotheca myricoides
(Hochst.) Steane & Mabb.

|

唇形科
Lamiaceae

|

三对节属
Rotheca

产地分布：产于非洲乌干达。

生态习性：喜高温、阳光充足环境，栽培时以壤土或砂质壤土为佳，忌积水。

应用形式：庭院、公园草坪、路边等地丛植。

观赏特性：花形似蝴蝶状，非常别致，花期长。

花　　期：3~5月。

植物简介：常绿灌木，高0.6~1m。叶对生，倒卵形至倒披针形，叶缘上半段有浅锯齿，下半段全缘。圆锥花序顶生，花冠蓝白色，唇瓣蓝紫色，花瓣完全平展，4条细长花丝向前弯曲，花朵形似蝴蝶，非常奇特别致。

毛萼南山壳骨

产地分布： 原产非洲。我国广东、云南有引种栽培。

生态习性： 喜温暖、喜湿润的栽培环境，在全日照至半阴环境均能生长良好，以肥沃、排水性好的壤土为宜。

应用形式： 片植或丛植。适于成片种植，可用于路缘花带或花境景观配置。

观赏特性： 株型优美，叶片绿色至黄绿色，耐修剪，花瓣粉红色，上面散布紫红色的斑点，深浅交印，典雅大方，花期长，观赏性强。

花　　期： 几全年。

植物简介： 常绿亚灌木，高0.7~1m。叶对生，叶片卵圆形。聚伞花序，花多而密集；花萼5枚，被柔毛，花粉红色，高脚碟形，花冠裂片5枚，长椭圆形，开展似一只只飞舞的蝴蝶。蒴果。

Ruspolia seticalyx
(C. B. Clarke) Milne-Redh.

爵床科
Acanthaceae

南山壳骨属
Ruspolia

77

四季无忧花

Saraca
'Siji Flower'

|

豆科
Leguminosae

|

无忧花属
Saraca

产地分布： 华南植物园从无忧花属自然杂交选育而来。适合南亚热带以南地区引种栽培。

生态习性： 喜温暖湿润环境，喜光，但忌强阳光直射。喜肥沃土壤，不耐旱、不耐寒。

应用形式： 孤植、列植或盆栽观赏。

观赏特性： 嫩叶亮黄绿色，下垂，宛如"串串黄花"，极为美丽。伞房状大型圆锥花序，花橙黄色或橙红色，具有淡淡香味；花期长，盛开时橙红似"火焰"，犹如一个个"红色绣球"挂满枝头，甚是美观，是极有园林开发应用前景的观赏植物。

花　　期： 3～12月。

植物简介： 常绿灌木或小乔木，高3～5m，树冠宽卵形。一回羽状复叶，小叶3～4对，嫩叶亮黄绿色，下垂；小叶近革质，长椭圆形、卵状披针形或长倒卵形，长6～30cm、宽2～10.5cm，顶端渐尖或钝，基部楔形或近圆形，边缘全缘或浅波状。伞房状圆锥花序腋生或顶生，有密而短小的分枝，开放时略呈圆球形，花初开时橙黄色，后变橙红色；盛开时橙红似"火焰"，犹如一个个"红色绣球"挂满枝头，甚是美观，是一种极有园林开发利用前景的观赏植物。适合亚热带以南引种栽培。

长花金杯藤

Solandra longiflora
Tussac

|

茄科
Solanaceae

|

金盏藤属
Solandra

产地分布：原产中美洲。我国广东、福建、云南有引种栽培。

生态习性：喜温暖、湿润的栽培环境。稍耐旱，稍耐寒，不择土壤，但以肥沃、排水性好的壤土为宜。

应用形式：适合大型花架、阴棚及庭园栽培。

观赏特性：花大而美丽，似一个个金色的奖杯，自绿叶间伸出，奇趣而可爱，观赏性强。

花　　期：6~10月。

植物简介：常绿蔓生灌木，高0.7~1m。茎圆柱形，基部常生出不定根。叶片倒卵状长圆形，边全缘。花大型，金黄色至乳黄白色，花筒长，花冠杯状，质地稍厚，顶端5裂，裂片内面具紫褐色条纹，雄蕊5枚，稍伸出，花柱长于雄蕊。

金杯花　别名：金杯藤

产地分布： 原产中美洲。我国广东、福建南部有引种栽培。

生态习性： 喜温暖湿润气候，不耐寒。喜光照充足，也耐半阴。对土壤要求不严，以富含腐殖质、疏松、排水良好的砂质土壤为佳。

应用形式： 大型廊架或以灌木的形式孤植、丛植。

观赏特性： 花朵巨硕，花冠杯状，金黄色，5裂，每一裂片中央有一条紫褐色条纹延伸至冠喉。花形奇特，应用形式多样。

花　期： 3～10月。

植物简介： 常绿藤状灌木。花形巨硕，花冠杯状，金黄色，有牛皮的质地，5裂，每一裂片中央有一条紫褐色条纹延伸至冠喉；雄蕊5枚，自花冠筒伸出。初花时含苞待放而不放，散发出阵阵浓郁的奶油蛋糕般甜蜜的香味。盛花时张开为喇叭状的花朵，像金色的奖杯，故称"金杯花"。

Solandra maxima
(Moc. & Sessé ex Dunal) P. S. Green

茄科
Solanaceae

金杯藤属
Solandra

金英

Thryallis gracilis
(Bartl.) Kuntze

|

金虎尾科
Malpighiaceae

|

金英属
Thryallis

产地分布： 原产美洲热带地区，现广泛栽培于其他热带地区。

生态习性： 全光照或半光照条件均可，喜高温多湿的气候环境，宜栽于排水良好的砂质壤土。

应用形式： 公园、绿地或庭院栽培观赏；也可用于花境配置。

观赏特性： 圆锥花序，花金黄色，花期长，是一种优良的花灌木。

花　　期： 6～10月。

植物简介： 常绿灌木，高0.5～1.5m，分枝多，嫩茎红色。叶对生，膜质，长圆形或椭圆状长圆形，长1.5～5cm、宽8～20mm，先端钝或圆形，具短尖，基部楔形，有2枚腺体。总状花序顶生，花瓣黄色，花丝黄色，长圆状椭圆形，蒴果球形，直径约5mm。本种植株分枝多，花期长，管理粗放。

三宝木

产地分布： 产于广西南部。越南也有分布。

生态习性： 栽培土壤要求不高，以肥沃疏松土壤生长表现更佳，适宜栽培于林下半阴环境。

应用形式： 群植。

观赏特性： 圆锥花序，花亮黄色，花期长、花色艳丽，是一种优良的园林观赏花灌木。

花　　期： 3～6月。

植物简介： 常绿灌木，高2～4m；嫩枝密被黄棕色柔毛，老枝近无毛。叶纸质，叶片倒卵状椭圆形至长圆形，顶端短尖，常骤狭呈尾状，基部楔形，全缘或上部有不明显疏细齿；叶柄初被短硬毛，后几无毛，顶端有2枚锥状小腺体。圆锥花序，顶生，分枝细长；雄花花梗纤细；花瓣倒卵形，黄色；花盘环状；雄蕊3枚，花丝合生，顶部分离；雌花花梗棒状；花瓣倒卵形，黄色；子房无毛，花柱3，柱头近头状。蒴果扁球形。

Trigonostemon chinensis
Merr.

|

大戟科
Euphorbiaceae

|

三宝木属
Trigonostemon

异叶三宝木

Trigonostemon flavidus
Gagnep.

|

大戟科
Euphorbiaceae

|

三宝木属
Trigonostemon

产地分布： 原产海南、台湾。老挝、缅甸也有分布。

生态习性： 喜半阴环境，喜高温多湿气候。宜种植土壤肥沃、排水良好的微酸性土壤。

应用形式： 林下、林缘或路边丛植。

观赏特性： 姿态优美，花深紫红色，簇生于茎干或枝顶，具有较高的观赏性。

花　　期： 4~6月，9~10月二次开花。

植物简介： 常绿灌木，高1~2m。小枝密被黄褐色硬毛，老枝粗糙、无毛。叶片纸质，倒披针形至长圆状披针形，先端渐尖，基部耳状或近心形，全缘或中部以上有不明显锯齿，两面密被长柔毛；叶柄密被黄棕色长硬毛。花单性，雌雄同株异序。雄花总状花序，腋生，花朵稀疏；花瓣倒卵状椭圆形，深紫红色；雄蕊3枚，花丝合生；雌花单生叶腋；萼片披针形，被长硬毛；花瓣与雄花同；子房密被毛，花柱顶端2裂。蒴果近球形，具3纵沟，密被黄褐色长硬毛。

长梗三宝木　　别名：锥花三宝木、普柔树、普黍树

产地分布：	产于云南、广西、贵州。越南也有分布。
生态习性：	喜半阴环境，对栽培土壤要求不严，但在肥沃土壤和中性环境生长更好。
应用形式：	群植。
观赏特性：	大型圆锥花序，花密集呈亮黄色，花色艳丽，且花期长，具有较高的观赏性，是一种有开发潜力的园林花灌木。
花　　期：	2～10月。
植物简介：	常绿灌木至小乔木，高1.5～2m，嫩枝近3棱。叶片纸质，长圆状椭圆形至披针形，顶端渐尖，基部近圆形或阔楔形，边缘皱波状，具明显锯齿；叶柄长顶端有2枚锥状腺体。雌雄异花同序，圆锥花序，顶生。雄花花瓣5枚，长圆形，亮黄色，花盘具5枚腺体，雄蕊3～5枚，花丝合生；雌花花萼5，花瓣5，亮黄色，较雄花大；花柱3枚，顶端2浅裂。蒴果具3深纵沟，表面散生皮刺状凸起。

Trigonostemon thyrsoideus
Stapf

大戟科
Euphorbiaceae

三宝木属
Trigonostemon

剑叶三宝木

Trigonostemon xyphophylloides
(Croiz.) L. K. Dai et T. L. Wu

|

大戟科
Euphorbiaceae

|

三宝木属
Trigonostemon

产地分布： 海南特有。

生态习性： 喜半阴环境，喜高温多湿气候。忌阳光直射，不耐旱、忌积水，夏季干旱时要适时补充水分，宜种植于排水良好的酸性土壤。

应用形式： 疏林下或林缘丛植。

观赏特性： 株型紧凑优美，叶片大而密集，翠绿色，黄色花朵簇生于茎干上，花期长，花和叶均具有较高的观赏价值。

花　　期： 3～10月。

植物简介： 常绿灌木，高1～2m。小枝暗褐色，密被突起皮孔。叶互生或假轮生，密集于小枝上部；叶片薄革质，长圆状披针形或近匙形，先端钝尖或渐尖，基部钝圆，边缘具疏细锯齿，两面无毛。花单性，雌雄同序，总状花序腋生。雄花花瓣倒披针形，黄色，花瓣上面有斑纹，无毛；雄蕊3，花丝合生；雌花花瓣与雄花相同，萼片长卵形；子房无毛，柱头头状，微凹。蒴果三棱状扁球形。

长穗猫尾草

别名：猫公树、兔狗尾

Uraria crinita
(L.) DC.

|

豆科
Leguminosae

|

狸尾豆属
Uraria

产地分布：产于福建、江西、广东、海南、广西、云南及台湾等地。印度、斯里兰卡、中南半岛、马来半岛，南至澳大利亚北部也有分布。

生态习性：中性植物，适应强，耐干旱和瘠薄。

应用形式：丛植或片植

观赏特性：花穗朝天，长可达30cm，粗壮；花冠紫色，成片种植时，犹如紫色的花海，非常壮观。

花　　期：5~7月。

植物简介：直立亚灌木，高0.5~1.5m。叶为奇数羽状复叶，茎下部小叶通常为3，上部为5，少有为7；小叶近革质，长椭圆形、卵状披针形或卵形，侧生小叶略小，先端略急尖、钝或圆形，基部圆形至微心形。总状花序顶生，长15~30cm或更长，粗壮，密被灰白色长硬毛；花萼浅杯状，被白色长硬毛；花冠紫色。长长的粗壮花穗开紫红色的小花，顶端稍弯曲，形似"猫尾巴"，非常奇特而壮观。

南方荚蒾

别名：火柴树、火斋、满山红、苍伴木

产地分布：产于安徽、浙江、江西、福建、湖南、广东、广西、贵州及云南。

生态习性：阳生植物，喜温暖湿润气候环境。耐干旱、耐贫瘠，对栽培土壤要求不严，以排水良好的壤土或砂质壤土为好。

应用形式：孤植、丛植或行道树。可用于广场、草地、道路交叉点等配植，也可与山石或园林建筑配置，起到主景或局部点缀作用。

观赏特性：枝叶密集，树冠卵球形，姿态优美，入秋叶变为红色；开花时，聚伞花序如白色花球般缀满枝头；果熟时，红果累累，令人赏心悦目。

花　　期：4～5月。

植物简介：半落叶灌木或小乔木，高可达5m。叶片纸质，宽卵形或菱状卵形，顶端钝或短尖至短渐尖，基部圆形至截形或宽楔形，稀楔形，边缘基部除外常有小尖齿。复伞形聚伞花序顶生或生于具1对叶的侧生小枝顶；花冠白色，辐射状，裂片卵形，比筒长；雄蕊与花冠等长或略超出；花柱高出萼齿，柱头头状。果卵圆形，熟时红色。叶入秋时变为红色，果熟时鲜红色，极具观赏性。

Viburnum fordiae
Hance

|

忍冬科
Caprifoliaceae

|

荚蒾属
Viburnum

蝶花荚蒾　别名：蝴蝶树、假沙梨

Viburnum hanceanum
Maxim.

|

忍冬科
Caprifoliaceae

|

荚蒾属
Viburnum

产地分布： 江西南部、福建、湖南、广东中部至北部及广西等地。

生态习性： 阳性植物，喜阳光充足环境，耐干旱、瘠薄。对土壤要求不严，在微酸至中性土壤均能种植。

应用形式： 孤植、丛植或与其他园林小品配置。

观赏特性： 株型优美，聚伞花序，外围为大型不孕花，开花时花量大犹如群蝶翩翩起舞，非常引人夺目。

花　　期： 4～5月。

植物简介： 常绿灌木，高达1～2m。当年小枝密被黄褐色茸毛，二年生小枝紫褐色，散生凸起的浅色皮孔。叶片圆卵形、近圆形或椭圆形，顶端圆形而微凸头，基部圆形至宽楔形，边缘基部除外具整齐而稍带波状的锯齿。聚伞花序，直径5～8cm，外围有2～5朵白色、大型的不孕花；内层为可孕花，花冠黄白色。开花时，花量多、色彩非常醒目。果实卵圆形，熟时红色。

台东荚蒾

产地分布: 原产我国台湾东部、湖南南部和广西北部。

生态习性: 喜光,也耐半阴环境,喜温暖湿润气候环境。适应性强,耐干旱、耐贫瘠。

应用形式: 孤植、丛植或绿篱。

观赏特性: 叶色深绿有光泽,白色或淡黄色的小花带有淡淡幽香,紫红色花药点缀于花冠筒喉部,花小而醒目。植株耐修剪,萌生性强,可作为园林绿篱新秀应用。

花　　期: 2～3月。

植物简介: 常绿灌木,高1.5～2m。枝及小枝灰白色,具明显凸起的皮孔。叶片近革质,矩圆形、矩圆状披针形或倒卵状矩圆形,顶端短尖至近圆形,基部宽楔形或近圆形,边缘基部除外有浅锯齿,齿顶微凸头。圆锥花序顶生,具少数花,总花梗纤细;萼筒筒状钟形,萼齿三角形,具微缘毛;花冠白色,漏斗状,5裂,裂片近圆形。果实红色,宽椭圆状圆形,微呈不规则的六角形。

Viburnum taitoense
Hayata

|

忍冬科
Caprifoliaceae

|

荚蒾属
Viburnum

百子莲 别名：百子兰、非洲百合、蓝花君子兰

Agapanthus africanus
(L.) Hoffmanns.

|

石蒜科
Amaryllidaceae

|

百子莲属
Agapanthus

产地分布：原产南非。

生态习性：喜温暖、湿润和阳光充足的环境。适宜疏松、肥沃的砂质壤土。

应用形式：岩石园、花坛、花境等点缀。

观赏特性：伞形花序，花紫色，花冠6裂，似一个个紫色的小喇叭，花形秀丽。

花　　期：5～7月。

植物简介：多年生草本。叶线状披针形，二列基生于短根状茎上。花茎自叶丛中抽出，顶端着生由20～50朵吊钟状小花组成的伞形花序，花紫色，花冠6裂联合呈钟状漏斗形，似一个个紫色的小喇叭。

宽叶十万错

产地分布： 产于广东、广西、福建、台湾、云南。

生态习性： 喜温暖、湿润和阳光充足的栽培环境。

应用形态： 路边花带、林缘及花境片植。

观赏特性： 花色淡黄色、紫红色，花量大，花秀丽清新。

花　　期： 全年零星有花开，盛花期8月至翌年1月。

植物简介： 多年生草本。叶对生，叶片卵形。总状花序顶生和近顶端腋生，花常偏向一侧，花色紫红色、淡黄色，长3.5~4cm，花冠扁钟状漏斗形，花形、花色清新秀丽。

Asystasia gangetica
(L.) T. Anders.

爵床科
Acanthaceae

十万错属
Asystasia

蓝冠菊

别名：苹果蓟、菲律宾纽扣花

Centratherum punctatum
Cass.

|

菊科
Asteraceae

|

蓝冠菊属
Centratherum

产地分布： 产于西印度群岛和中美洲。

生态习性： 喜阳植物，喜温暖、湿润气候环境，喜肥沃、土质松软的壤土或砂质壤土。

应用形式： 丛植、片植，可用于庭院观赏、路缘美化及花境景观配置。

观赏特性： 头状花序生于小枝顶端，错落有致，花蓝紫色，显得非常别致典雅，花期长，花量大。

花　　期： 3～7月。

植物简介： 多年生草本至常绿亚灌木，高20～40cm，全株被毛。植株分枝多，茎直立或倾斜，叶互生，叶片卵形，边缘具锯齿，叶片搓揉后有芳香的气味。头状花序，花序下方总苞片叶状；花蓝紫色，在阳光下绽放，别致典雅。

猫须草

别名：化石草、腰只草、肾草、肾茶

产地分布： 产于海南、广西南部、云南南部、台湾及福建。印度、缅甸、泰国，经印度尼西亚，菲律宾至澳大利亚及邻近岛屿也有分布。

生态习性： 喜半阴环境，喜温暖湿润气候。不耐旱，适宜肥沃的壤土栽培，保持土壤湿润。

应用形式： 花坛、花境。

观赏特性： 顶生总状花序；花洁白素雅，雄蕊伸长，外露于花冠，酷似猫的胡须，极为美丽。

花 期： 10~11月。

植物简介： 多年生草本，高50~80cm，茎四棱。叶卵形、菱状卵形或卵状长圆形，先端急尖，基部宽楔形至截状楔形，边缘具粗牙齿或疏圆齿。顶生总状花序；花白色，怒放时宛若少女穿着一抹素雅的白裙，于阳光下翩翩起舞。雄蕊伸长，外露于花冠，酷似猫的胡须。

Clerodendranthus spicatus (Thunb.) C. Y. Wu ex H. W. Li

唇形科
Labiatae

肾茶属
Clerodendranthus

垂筒花

Cyrtanthus mackenii
Hook. f.

|

石蒜科
Amaryllidaceae

|

垂筒花属
Cyrtanthus

产地分布： 原产南非。我国广东、广西、福建有引种栽培。

生态习性： 抗性强，耐高温、干旱，喜光照，宜肥沃、排水良好的砂质土壤，忌水涝，冬季怕冻害。

应用形式： 丛植或片植，可用于地被、庭院观赏、路缘美化及花境景观配置。

观赏特性： 叶片线形，绿色欲滴，花粉红色至淡黄色，花被管圆筒状，长而微下垂，盛花时花姿摇曳，观赏性强。

花　　期： 12月至翌年2月。

植物简介： 多年生草本，具地下鳞茎。叶片线形，半直立或弯曲。花葶近直立，伞形花序具花3～9朵，具芳香；花梗半直立或稍弯垂，花管状，乳黄色、浅黄色至粉红色，花被片卵形，稍反折，雄蕊内藏，着生于花被管上部及喉部，柱头微3裂。

石蒜　别名：龙爪花、蟑螂花

产地分布：	广布于我国山东、河南、安徽、江苏、浙江、江西、福建、湖北、湖南、广东、广西、陕西、四川、贵州、云南等地。日本也有分布。
生态习性：	喜阳光、潮湿环境，但也能耐半阴和干旱环境，稍耐寒，对土壤无严格要求。
应用形式：	花坛、花境丛植或岩石园、路边等点缀。
观赏特性：	花冠鲜红色，花被强度反卷和皱缩花丝；花丝红色，伸出花被外；花形奇特靓丽，花姿飘逸，极具观赏性。
花　　期：	9～10月。
植物简介：	多年生草本，鳞茎近球形。秋季出叶，叶狭带状，长约15cm、宽约0.5cm，顶端钝，深绿色，中间有粉绿色带。花茎高约30cm；伞形花序，有花4～7朵，花鲜红色；花被裂片狭倒披针形，强度皱缩和反卷，花被淡绿色；雄蕊显著伸出于花被外。

Lycoris radiata
(L'Her.) Herb.

石蒜科
Amaryllidaceae

石蒜属
Lycoris

紫花丹

Plumbago indica
L.

—

白花丹科
Plumbaginaceae

—

白花丹属
Plumbago

产地分布： 产云南、广东、海南。

生态习性： 喜阳光充足、温暖、湿润的栽培环境，喜肥沃、土质松软、排水性好的壤土。

应用形式： 花坛布置、庭园观赏和花境景观配置。

观赏特性： 穗状花序不断伸长，花期长，花朵多而艳丽，红色的花朵开展似一个个五角星笑盈盈相迎，观赏性强。

花　　期： 10月至翌年3月。

植物简介： 多年生草本植物，高20～40cm。叶片狭卵形至狭卵形椭圆状，顶端尖，基部圆或楔形。穗状花序，常具分枝，花多数，花萼带红色，具腺毛，花高脚碟状，红色，花冠裂片5枚，倒卵圆形，开展。

网球花

产地分布： 原产非洲。我国广东、广西、云南、福建有引种栽培。

生态习性： 喜温暖、湿润、半阴蔽的栽培环境，以肥沃、排水性好的砂质壤土为佳。

应用形式： 丛植，可用于庭院观赏、路缘美化及花境景观配置。

观赏特性： 春天开花，先开花后展叶，伞形花序着花密集，成圆球状，花红色，花被裂片6枚，开展，如一团团绽放的烟花，绚烂夺目。

花　　期： 4~6月。

植物简介： 多年生草本，具地下鳞茎。鳞茎有红棕色到暗紫色斑点。叶片长圆形，边全缘至稍波状。花先叶抽出，伞形花序具30~80朵花，排列密；花红色，花被管圆筒状，花被裂片6片，线形，花丝6枚，伸出花被外，花柱长约3cm，伸出。浆果鲜红色，直径5~10mm。

Scadoxus multiflorus (Martyn) Raf.

|

石蒜科
Amaryllidaceae

|

网球花属
Scadoxus

板蓝 别名：大青叶、南板蓝根、马蓝

Strobilanthes cusia
(Nees) Kuntze.

爵床科
Acanthaceae

马蓝属
Strobilanthes

产地分布： 产于我国东南和西南一带。印度、日本九州、中南半岛有分布。

生态习性： 喜阳，也稍耐阴。适应性强，耐干旱、耐瘠薄，疏松透气的壤土或砂质壤土栽培为佳。

应用形式： 花坛、花境。

观赏特性： 花冠管状，微呈二唇形，淡紫色；花多而密集。

花　　期： 1~2月。

植物简介： 多年生草本，茎直立或基部斜卧，高0.5~1m。通常成对分枝，幼嫩部分和花序均被锈色、鳞片状毛。叶纸质，椭圆形或卵形，顶端短渐尖，基部楔形，边缘有稍粗的锯齿，两面无毛。穗状花序直立，花冠管状，微呈二唇形，淡紫色。

桃叶马蓝

产地分布： 原产印度和东南亚地区。

生态习性： 喜温暖、湿润、半阳生栽培环境，土壤以肥沃、疏松的壤土和砂质壤土为宜。

应用形态： 丛植、片植，用于花坛、花境及园林小景点缀。

观赏特性： 花色蓝紫色，形似小喇叭，盛开时，阳光下众多晶莹剔透的小喇叭展向四周，颇为可爱、喜人。

花　　期： 9月至翌年3月。

植物简介： 多年生草本，茎多分枝，叶对生，叶片披针形，形似桃叶。花序顶生和近顶端腋生，多枝组成圆锥聚伞状，花色淡蓝色、淡紫色至蓝紫色，长约3cm，冠管常弯曲，冠檐半透明状，其上纹脉清晰可见。

Strobilanthes persicifolia
(Lindl.) J. R. I. Wood

———

爵床科
Acanthaceae

———

马蓝属
Strobilanthes

黄花葱莲 别名：黄花葱兰

Zephyranthes citrina
Baker

|

石蒜科
Amaryllidaceae

|

葱莲属
Zephyranthes

产地分布： 原产南美、古巴和西印度群岛。我国南方有引种栽培。

生态习性： 性喜温暖、湿润、阳光充足的气候环境。耐干旱、耐瘠薄，适应性强，喜疏松肥沃、潮湿的酸性砂质壤土。

应用形式： 林下、林缘或开阔地作为地被花卉。

观赏特性： 花黄色，花期长，可大面积种植单一种类，形成地毯式的壮观群体景观或与其他宿根花卉搭配形成四季景观。

花　　期： 6~10月。

植物简介： 多年生常绿球根草本。植株高20~30cm，地下鳞茎长卵形，长3~4cm，外皮黑褐色。3~5片基生叶，叶片暗绿色，扁圆柱形，叶较稀疏。花单朵腋生，总花梗长25~30cm，花漏斗状，花被黄色，不反折，花瓣6枚，花被管绿色，雄蕊分裂，花柱长于花被筒，柱头3裂。

玫瑰韭莲　　别名：小韭莲

产地分布： 原产古巴。我国广东、福建、云南有引种栽培。

生态习性： 生性强健。喜温暖、湿润的栽培环境，半阴蔽及阳光充足环境下均能生长，向阳处花量大，稍耐旱，稍耐寒，以肥沃、排水性好的壤土为宜。

应用形式： 株、叶优美，花色艳丽，盛花期时花量大，观赏性强，平时叶片油绿，可作为地被草坪，适于路边、花坛、花境前景观配置和草坪地被植物。

花　　期： 8~9月。

植物简介： 多年生草本，具地下鳞茎。叶片带状，扁平。花葶自基部抽出，花玫红色，花被片6枚，倒披针形，排成2轮，雄蕊6枚，花药线形，花柱长于雄蕊，柱头3裂。蒴果近球形；种子黑色，扁平。

Zephyranthes rosea
Lindl.

石蒜科
Amaryllidaceae

葱莲属
Zephyranthes

美丽二月藤

Arrabidaea magnifica
(W. Bull) Sprague ex Steenis

|

紫葳科
Bignoniaceae

|

二月藤属
Arrabidaea

产地分布： 原产厄瓜多尔、巴拿马、委内瑞拉等地。

生态习性： 阳性植物，喜温暖湿润气候环境。喜富含有机质的肥沃土壤，不耐旱，夏季干旱时适当补充水分。

应用形式： 花架、围墙、围栏等攀爬，也可修剪成灌木状。

观赏特性： 花大色艳，花形呈喇叭状，花期长，为优良的藤本植物。

花　　期： 3 ~ 12月。

植物简介： 常绿木质藤本，小枝顶端具卷须，卷须单一，生于对生小叶中间。叶对生，小叶2枚，叶片革质，倒卵形，长5 ~ 10cm、宽3 ~ 6.5cm，先端钝或急尖，基部楔形，边缘全缘。圆锥花序顶生或腋生，花紫红色，花冠筒状，先端5裂，裂片近圆形；喉部白色，具紫色脉纹。蒴果带状，长而压扁，光滑无刺。

首冠藤 别名：深裂叶羊蹄甲、药冠藤

产地分布： 原产广东、广西、海南。

生态习性： 喜光、喜温暖至高温湿润气候环境，耐贫瘠，适应性强

应用形式： 廊架、围墙和护栏等攀爬，也可用于护坡绿化。

观赏特性： 新叶和卷须飘逸优美，花色白中带红，芳香素雅，开花时花在上层，花非常多，盛花时非常美丽壮观。

花　　期： 4～6月。

植物简介： 常绿木质观花藤本；卷须单生或成对。叶纸质，近圆形，自先端深裂达叶长的3/4，裂片先端圆，基部近截平或浅心形。总状花序顶生于侧枝上，花芳香；花瓣白色，有粉红色脉纹，阔匙形或近圆形，边缘皱曲，具短瓣柄；花丝淡红色。荚果带状长圆形，扁平、直或弯曲。本种适应性强，花色白中带红，花量大，是观花、观叶俱佳的乡土藤本植物。

Bauhinia corymbosa
Roxb. ex DC.

|

豆科
Leguminosae

|

羊蹄甲属
Bauhinia

湖北羊蹄甲

Bauhinia glauca subsp. *hupehana* (Craib) T. Chen

|

豆科
Leguminosae

|

羊蹄甲属
Bauhinia

产地分布： 产于四川、贵州、湖北、湖南、广东和福建。

生态习性： 喜光、喜温暖至高温湿润气候，耐贫瘠，适应性强。

应用形式： 围栏、廊架等攀援。

观赏特性： 叶形奇特，似羊蹄状。盛花时绚丽灿烂，花瓣白色或玫红色，并散发芳香气味，具有较好的观花、观叶藤本植物。

花　　期： 3~4月。

植物简介： 常绿木质藤本，被稀疏红棕色柔毛。茎纤细，四棱，有卷须2支，对生。叶片分裂仅及叶长的1/4~1/3，裂片阔圆；花瓣玫瑰红色。

牛蹄麻

Bauhinia khasiana
Baker

|

豆科
Leguminosae

|

羊蹄甲属
Bauhinia

产地分布： 产于海南。印度和越南也有分布。

生态习性： 喜温暖、湿润的栽培环境，在阳光充足至半阴蔽条件下均能生长良好，稍耐寒、耐旱。

应用形式： 花廊、棚架及水边石块旁绿化、美化。

观赏特性： 本种四季常绿，叶形美观大方，花开时花量大，花期长，枝头簇簇橙红、橙黄的花朵鲜艳夺目，是秋、冬、初春季优良观赏花卉之一。

花　　期： 9月至翌年3、4月。

植物简介： 常绿藤本。叶阔卵形至心形，顶端2裂，基部阔心形或近截形。伞房花序顶生，被红棕色短绢毛；萼裂片4～5枚，开花时反折；花瓣红色，阔匙形，能育雄蕊3枚，退化雄蕊3枚；柱头盾状。荚果长圆状披针形，扁平。

素心花藤

Bauhinia kockiana
Korth.

|

豆科
Leguminosae

|

羊蹄甲属
Bauhinia

产地分布： 原产马来西亚半岛。我国广东、云南有引种栽培。

生态习性： 喜温暖、湿润、阳光充足的栽培环境，以肥沃、排水良好的土壤为宜。适当的修剪利于植株的生长。

应用形式： 花廊、棚架绿化、美化。

观赏特性： 叶形优美，花姿迷人，盛花时枝头黄色、橙黄色、橙红色相映，鲜艳夺目，观赏性强。

花　　期： 9月至翌年3、4月。

植物简介： 5～10月。常绿攀援藤本。叶卵圆形，具基出3脉，顶端渐尖，不分裂。伞房花序顶生，具多朵花；萼裂片5枚，宿存；花瓣匙形，初开时黄色，后渐渐变成橙黄色、橙红色。荚果扁平。

云南羊蹄甲

产地分布： 原产云南、四川和贵州。泰国和越南北部也有分布。

生态习性： 喜阳，喜温暖湿润气候环境。

应用形式： 廊架、围栏、墙垣等攀爬，也可修剪成丛状孤植于草坪、景石旁边。

观赏特性： 枝叶秀丽，花淡红色具玫红色条纹，总状花序。

花　　期： 8～9月。

植物简介： 常绿木质藤本。枝略具棱，卷须对生。叶膜质或纸质，宽椭圆形，全裂至基部，基部深或浅心形，裂片斜卵形，两端圆钝，上面灰绿色，下面粉绿色。总状花序顶生或与叶对生；花瓣淡红色，匙形，顶部两面有黄色柔毛，上面3片各有3条玫瑰红色纵纹，下面2片中心各有1条纵纹。荚果带状长圆形，扁平，顶端具短喙；种子阔椭圆形至长圆形，扁平，种皮黑褐色，有光泽。

Bauhinia yunnanensis
Franch.

|

豆科
Leguminosae

|

羊蹄甲属
Bauhinia

清明花 别名：比蒙花、刹抢龙

Beaumontia grandiflora
Wall.

|

夹竹桃科
Apocynaceae

|

清明花属
Beaumontia

产地分布： 产于云南。印度也有分布。广西、广东和福建有栽培。

生态习性： 喜温暖湿润的环境，要求肥沃且排水良好的土壤，全日照或半日照均可开花。

应用形式： 廊架攀援。

观赏特性： 花大，漏斗形，白色，且有香气，盛开时庄严而壮观。

花　　期： 3～4月。

植物简介： 常绿木质大藤本，具乳汁。叶对生，叶片长圆状倒卵形，顶端短渐尖，侧脉明显。聚伞花序顶生；花大，漏斗形，白色，有香气，冠檐5裂；雄蕊5枚，着生于花冠筒喉部。

网络鸡血藤　　别名：网络崖豆藤、昆明鸡血藤

产地分布： 产江苏、安徽、浙江、江西、福建、台湾、湖北、湖南、广东、海南、广西、四川、贵州、云南等地。越南北部也有分布。

生态习性： 喜阳植物，喜温暖湿润气候环境。适应性强，耐干旱、耐瘠薄。

应用形式： 墙垣或廊架攀援。

观赏特性： 圆锥花序，花密集，花冠红紫色，具有较好的观赏性。

花　　期： 5~7月。

植物简介： 常绿木质藤本。小枝圆形，具细棱。羽状复叶，叶柄无毛，上面有狭沟；托叶锥刺形；小叶3~4对，硬纸质，卵状长椭圆形或长圆形，先端钝，渐尖，或微凹缺，基部圆形。圆锥花序顶生或着生枝梢叶腋，常下垂，基部分枝；花冠红紫色，旗瓣无毛，卵状长圆形，基部截形，翼瓣和龙骨瓣均直，略长于旗瓣；雄蕊二体；花柱很短，上弯。荚果线形，扁平。

Callerya reticulata
(Benth.) Schot

|

豆科
Leguminosae

|

崖豆藤属
Callerya

风筝果

别名：红龙、风车藤

Hiptage benghalensis
(L.) Kurz

|

金虎尾科
Malpighiaceae

|

风筝果属
Hiptage

产地分布： 产福建、台湾、广东、广西、海南、贵州和云南。印度、孟加拉国、中南半岛、马来西亚、菲律宾和印度尼西亚也有分布。

生态习性： 喜光，喜温暖湿润气候环境。

应用形式： 墙垣、廊架绿化，或于边坡、空旷地种植。

观赏特性： 嫩叶红色，花白色或粉红色，旗瓣基部具黄色斑点，花芳香怡人，具有较高的观赏价值。

花　　期： 3~4月。

植物简介： 常绿木质藤本，嫩枝密被淡黄褐色或银灰色柔毛。叶对生，叶片革质，长圆形，椭圆状长圆形或卵状披针形，先端渐尖，基部阔楔形或近圆形，背面常具2腺体，全缘，幼时淡红色。总状花序腋生或顶生，极芳香；花瓣白色或粉红色，旗瓣基部具黄色斑点，先端圆形，基部具爪，边缘具流苏，雄蕊10；花柱拳卷状。翅果，中翅椭圆形或倒卵状披针形，顶端全缘或微裂，侧翅披针状长圆形，背部具1三角形鸡冠状附属物。

扭肚藤 别名：谢三娘、白金银花

产地分布： 产于广东、海南、广西、云南。越南、缅甸也有分布。

生态习性： 喜阳光充足环境，稍耐阴。适应性强，对栽培土壤要求不严。

应用形式： 围栏、廊架绿化。

观赏特性： 聚伞花序，花冠洁白素雅、高脚碟状，开花时错落有致，极为美丽。花开放时带有淡淡香味，令人心旷神怡。

花　　期： 4~12月。

植物简介： 攀援灌木。小枝圆柱形，疏被短柔毛至密被黄褐色茸毛。叶对生，叶片纸质，卵形、狭卵形或卵状披针形，先端短尖或锐尖，基部圆形、截形或微心形。聚伞花序密集，顶生或腋生；苞片线形或卵状披针形，密被黄色茸毛或疏被短柔毛；花冠白色，高脚碟状，花冠管长2~3cm，裂片6~9枚，披针形，先端锐尖。

Jasminum elongatum
(P. J. Bergius) Willd.

|

木犀科
Oleaceae

|

素馨属
Jasminum

楠藤

别名：野白纸扇、厚叶白纸扇

Mussaenda erosa
Champ. ex Benth.

|

茜草科
Rubiaceae

|

玉叶金花属
Mussaenda

产地分布： 产于广东、香港、广西、云南、四川、贵州、福建、海南和台湾。中南半岛和琉球半岛也有分布。

生态习性： 喜阳植物，稍耐阴。喜温暖湿润气候。

应用形式： 丛植，修剪成灌木状；廊架攀援。

观赏特性： 花萼扩大成醒目的白色叶片状，具长柄，通常称为"花叶"。中间五角星状的金黄色小花衬托着白色花叶，非常漂亮。

花　　期： 4～5月。

植物简介： 攀援灌木，高约3m。叶对生，纸质，长圆形、卵形至长圆状椭圆形，长6～12cm、宽3.5～5cm，顶端短尖至长渐尖，基部楔形。伞房状多歧聚伞花序顶生，苞片线状披针形，几无毛；花萼管椭圆形；花叶阔椭圆形，长4～6cm、宽3～4cm，顶端圆或短尖，基部骤窄；花冠橙黄色，花冠管外面有柔毛，喉部内面密被棒状毛，花冠裂片卵形，宽与长近相等，顶端锐尖，内面有黄色小疣突。浆果近球形或阔椭圆形，无毛，顶部有萼檐脱落后的环状疤痕。

蛇王藤　别名：两眼蛇、蛇眼藤、双目灵

产地分布： 产于海南、广西、广东。老挝、越南、马来西亚有分布。

生态习性： 喜阳植物，稍耐阴。喜温暖湿润气候。不耐旱。

应用形式： 廊架攀援。

观赏特性： 花朵硕大、形状奇特，副花冠由许多丝状裂片组成，淡紫色，蕊柄伸出，雄蕊粗壮，花药绿豆大小，呈上下层有序排列，像一个圆形的时钟。

花　　期： 2~3月。

植物简介： 草质藤本。茎具条纹并被有散生疏柔毛。叶革质，披针形、椭圆形至长椭圆形，下面密被短茸毛。聚伞花序近无梗，单生于卷须与叶柄之间；花白色，花瓣5枚；外副花冠裂片2轮，丝状，内副花冠褶状；花柱3枚，反折。浆果球形。

Passiflora cochinchinensis Spreng.

西番莲科
Passifloraceae

西番莲属
Passiflora

117

蓝花藤　别名：紫花藤

Petrea volubilis
L.

|

马鞭草科
Verbenaceae

|

蓝花藤属
Petrea

产地分布： 原产古巴。我国广州、厦门、西双版纳等地有引种栽培。

生态习性： 喜阳植物，喜温暖湿润气候环境。

应用形式： 棚架、篱栅、墙垣等美化。

观赏特性： 蓝花藤花萼裂片淡蓝色，花冠蓝紫色，有白色斑纹、花色浓烈、花量大，是一种极为美丽的观赏植物。

花　　期： 4～5月。

植物简介： 半常绿木质藤本，小枝灰白色，具椭圆形皮孔，叶痕显著。叶片革质，对生，椭圆状长圆形或卵状椭圆形，叶面粗糙，顶端钝或短尖，基部钝圆，全缘，或稍作波浪形。总状花序顶生，下垂；萼管陀螺形，密被棕色微茸毛，裂片狭长圆形；花冠蓝紫色，有白色斑纹。

须弥葛

别名：喜马拉雅葛藤、瓦氏葛藤

Pueraria wallichii
DC.

|

豆科
Leguminosae

|

葛属
Pueraria

产地分布： 产于西藏、云南。泰国、缅甸、印度东北部、不丹和尼泊尔也有分布。

生态习性： 喜阳植物，耐干旱。适应性强，对栽培土壤要求不严。

应用形式： 墙垣、廊架绿化或修剪成灌木形式。

观赏特性： 总状花序，常簇生或排列成圆锥状，花量大；花冠由白色、淡红色及黄色组成，白里透红，极为美丽。

花　　期： 9～10月。

植物简介： 灌木状缠绕藤本。枝纤细，薄被短柔毛或变无毛。叶为3小叶羽状复叶，顶生小叶倒卵形，先端尾状渐尖，基部三角形。总状花序长达15cm，常簇生或排成圆锥花序式；花冠淡红色，旗瓣倒卵形，基部渐狭成短瓣柄，翼瓣较弯曲的龙骨瓣稍短，龙骨瓣与旗瓣相等；雄蕊为（9）+1结构。荚果直。

红花山牵牛

产地分布： 原产云南、西藏。缅甸、老挝、泰国也有分布。

生态习性： 喜温暖、湿润的栽培环境，以富含有机质、疏松的壤土为宜。

应用形式： 花廊、棚架的绿化和美化。

观赏特性： 藤蔓依依，叶形优美，花开时花量大，众多花序垂下，似一道道红色的屏帘，花红色，奇趣可爱，观赏性强。

花　　期： 10月至翌年4、5月。

植物简介： 常绿藤本，茎四棱形。叶对生，叶片卵状椭圆形至卵状披针形，边缘具波状浅齿。总状花序下垂，花序梗、花梗、苞片、花萼深红色，花量大，花红色至橙红色，似一只只金鱼奇趣可爱。

Thunbergia coccinea
Wall.

爵床科
Acanthaceae

山牵牛属
Thunbergia

黄花老鸭嘴 别名：跳舞女郎

Thunbergia mysorensis
(Wight) T. Anderson

|

爵床科
Acanthaceae

|

山牵牛属
Thunbergia

产地分布： 原产印度南部。我国华南地区有引种栽培。

生态习性： 喜阳，也耐半阴，喜温暖湿润环境。不耐寒，不耐旱。

应用形式： 花架、花篱攀爬，或廊架、围栏等绿化美化。

观赏特性： 花色鲜艳，花冠内侧鲜黄色，外缘紫红色，连接成裙状，裂片反卷，花冠宛如长大待食的鸭嘴，盛花时如众女起舞，惟妙惟肖。

花　　期： 12月至翌1~6月。

植物简介： 多年生常绿观花藤本。叶对生，叶片披针形或卵状披针形，先端渐尖，基部楔形，边缘波状；基生三出脉。总状花序腋生，悬垂；花萼2片；花冠内侧鲜黄色，外缘紫红色，连接成裙状，裂片反卷。本种为新优观赏藤本，花形奇特优雅，盛花时蔚为壮观。

星果藤　别名: 蔓性金虎尾、三星果

产地分布： 产于我国台湾。东亚、中南半岛、马来西亚、澳大利亚热带地区和太平洋诸岛也有分布。

生态习性： 喜阳植物，喜温暖湿润气候环境。不耐寒，不耐旱。

应用形式： 廊架攀援。

观赏特性： 花瓣金黄色，开花灿烂，花期长，是具开发潜力的园林藤本植物。

花　　期： 5~9月。

植物简介： 常绿木质藤本。叶对生，纸质或近革质，卵形，先端急尖至渐尖，基部圆形至心形，基部有2腺体。总状花序顶生或腋生；花瓣金黄色，椭圆形，雄蕊10枚。翅果星形，初时绿色，成熟后转为褐色。

Tristellateia australasiae
A. Rich.

金虎尾科
Malpighiaceae

三星果属
Tristellateia

参考文献

[1] 陈恒彬，张凤金，阮志平，等. 观赏藤本植物[M]. 武汉：华中科技出版社，2013.

[2] 黄宏文. 新花镜：琪林瑶华[M]. 武汉：华中科技出版社，2015.

[3] Wu Zhenyi(吴征镒)，Peter H. Raven & Hong Deyuan(洪德元). Flora of China [M]. Science Press, Beijing & Missouri Botanical Garden Press. 1998-2013.

[4] 中国科学院中国植物志编辑委员会. 中国植物志[M]. 北京：科学出版社，1959-2004.

[5] 周厚高. 藤蔓植物景观[M]. 贵阳：贵州科技出版社，2006.

[6] http://www.tropicos.org

[7] http://www.theplantlist.org

中文名索引

拉丁名索引